广西海洋经济发展报告
（2020 年）

广西壮族自治区海洋研究院
广西财经学院 编

海洋出版社

2021 年·北京

图书在版编目(CIP)数据

广西海洋经济发展报告. 2020 年／广西壮族自治区海洋研究院，广西财经学院编. -- 北京：海洋出版社，2021. 7

ISBN 978-7-5210-0806-7

Ⅰ. ①广… Ⅱ. ①广… ②广… Ⅲ. ①海洋经济-区域经济发展-研究报告-广西-2020 Ⅳ. ①P74

中国版本图书馆 CIP 数据核字(2021)第 156231 号

责任编辑：苏 勤
责任印制：安 森

海洋出版社 出版发行

http://www.oceanpress.com.cn

北京市海淀区大慧寺路 8 号 邮编：100081
廊坊一二〇六印刷厂印制 新华书店经销
2021 年 7 月第 1 版 2021 年 7 月北京第 1 次印刷
开本：787 mm×1 092 mm 1/16 印张：7.75
字数：88 千字 定价：198.00 元
发行部：010-62100090 邮购部：010-62100072 总编室：010-62100034

海洋版图书印、装错误可随时退换

编 委 会

前　言

海洋是高质量发展的战略要地。2017 年 4 月，习近平总书记在视察广西时作出了"要建设好北部湾港口，打造好向海经济"的重要指示，为推动广西海洋强区建设注入了强劲动力。

广西是我国西部地区唯一的沿海省份，是我国离东盟最近的出海口，拥有"一湾相挽十一国，良性互动东中西"的独特区位，海岸线长 1600 多千米，海域面积 4 万平方千米，是我国四大渔场和沿海六大含油盆地之一，海洋资源富集，海港条件优越，涉海产业众多，海洋文化源远流长，发展海洋经济潜力巨大。

为全面地、客观地、持续地反映广西海洋经济发展进程和成效，广西海洋研究院计划从 2020 年起，围绕广西海洋经济发展情况，定期编制年度《广西海洋经济发展报告》，分析广西海洋经济宏观发展形势，总结回顾广西海洋经济和海洋产业发展情况，研究提出下一步工作建议。作为学术研究成果，我们希望把《广西海洋经济发展报告》做成一部面向决策部门的区情咨文，面向广大社会公众认识海洋、关心海洋的参考读本。

报告由广西海洋研究院牵头，联合广西财经学院共同组织编写。报告的编写得到了广西壮族自治区海洋局、自治区相关部门、沿海市县海洋部门和区内外海洋领域专家的大力支持，在此一并表示感谢。

本报告中的述评仅是编制组的认识，不代表任何政府部门和单位的观点。囿于编写人员的学识和水平，错误和不足在所难免，敬请读者批评指正。

编 者

2020 年 9 月

目　　录

第一章　2019 年海洋经济宏观形势分析

第一节　世界海洋经济发展态势

一、世界海洋经济发展情况

21 世纪是海洋的世纪。世界进入大航海时代后，随着新大陆的发现和新航线的开辟，商品、资本、人力突破地域限制，逐步形成全球贸易网络。不断发展的海洋交通，为经济全球化和贸易自由化提供了有力支撑。开发利用海洋空间、海洋资源已成为沿海国家发展的重要依托。

随着经济全球化的持续深入，世界经济重心不断向沿海地区移动，向海发展、以海带陆成为全球经济增长的重要方式。据《联合国可持续发展目标报告》统计，近 40% 的世界人口生活在沿海地区，约 61% 的全球国民生产总值是在距离海岸线 100 千米以内产生的，全球 35 个国际化大城市有 31 个是沿海港口城市，其中前 10 名又都集中在港口城市。与此同时，随着人类开发利用海洋的层次和水平不断提升，海洋经济对全球经济发展的贡献稳步增强。据经济合作与发展组织

（OECD）预测，到 2030 年，全球海洋生产总值将达到 3 万亿美元，各类海洋产业将创造 4000 万个就业岗位。

二、东盟国家海洋经济发展情况

2019 年，东盟国家高度重视蓝色经济的发展，如，越南大力发展海洋捕捞业并保持增长态势，是全球主要海洋捕捞国；新加坡仍继续巩固其世界最大转运中心地位。有数据显示，2019 年新加坡港的集装箱吞吐量同比增长 1.6%，达到 3720 万标准箱，全球排名第二，其高密度和全方位的航线保证了新加坡作为国际中转枢纽港的地位。目前，新加坡正推进智慧港口建设并取得积极成效。在与中国积极发展海洋经济的同时，东盟国家与其他国家（地区）分别达成了有关合作共识，其中，菲律宾与韩国签署了关于渔业合作的首份谅解备忘录（MOU），双方将继续促进渔业和水产养殖业在科学、技术、经济和贸易等领域的合作；越南与印度继续促进海洋合作以及蓝海经济、信息技术等领域的合作；泰国与美国加强贸易、投资、海上合作，合作支持中小企业发展，等等。

2019 年 11 月 3 日上午，国务院总理李克强在泰国曼谷出席第 22 次中国-东盟（10+1）领导人会议上，提出打造中国-东盟蓝色经济伙伴关系，加强海洋生态保护、海洋产业、清洁和可再生能源、水利技术等领域的交流与合作，与会东盟国家领导人愿积极参与共建"一带一路"，拓展互联互通、科技创新、电子商务、智慧城市、蓝色经济等领域的合作。

第二节 全国海洋经济发展形势

一、全国海洋经济发展总体情况

（一）海洋经济运行平稳有序

在海洋强国建设加速推进下，我国海洋经济继续保持总体平稳的发展态势，正逐渐成为推动经济增长的蓝色引擎。据《2019 年中国海洋经济统计公报》显示，2019 年全国海洋生产总值 89 415 亿元，比上年增长 6.2%，海洋生产总值占国内生产总值的比重为 9.0%，占沿海地区生产总值的比重为 17.1%，海洋经济占沿海地区经济的比重不断提高。

（二）海洋经济结构不断优化

2019 年，海洋第一产业增加值 3729 亿元，第二产业增加值 31 987 亿元，第三产业增加值 53 700 亿元，分别占海洋生产总值比重的 4.2%、35.8% 和 60.0%。与上年相比，第三产业比重提高 0.9 个百分点。海洋服务业增加值占比连续 9 年稳步提升，拉动海洋生产总值增长近 5 个百分点，对海洋经济增长的贡献率超过 75%。

（三）海洋经济发展活力不断释放

2019 年，滨海旅游业、海洋交通运输业和海洋渔业仍为我国海洋经济发展的三大支柱产业，其增加值占主要海洋产业增加值的比重分

3

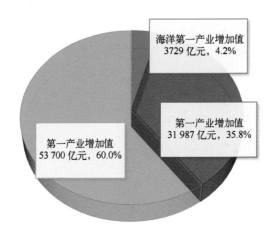

海洋第一产业增加值
3729亿元，4.2%

第一产业增加值
31 987亿元，35.8%

第一产业增加值
53 700亿元，60.0%

图1-1　2019年全国海洋三次产业结构

别为50.6%、18.0%和13.2%。其中，海洋渔业实现恢复性增长，捕捞结构持续优化；海洋油气增储上产态势良好，增加值保持平稳增长；海洋生物医药自主研发成果不断涌现；海洋电力业稳步发展，海上风电装机规模逐步扩大；海水利用业保持良好发展，多个海水淡化工程投入使用；海洋船舶工业止降回升并实现较快增长；海洋工程建筑业发展向好，跨海大桥、海底隧道等多项重大海洋工程建筑项目顺利完工；海洋交通运输业运行平稳，沿海港口生产保持稳步增长态势；滨海旅游业持续较快增长，发展模式呈现生态化和多元化。

（四）南部海洋经济圈持续领先

从区域海洋经济发展情况来看，2019年我国的北部、东部和南部海洋经济圈生产总值占全国海洋生产总值的比重分别为29.5%、29.7%和40.8%。受益于粤港澳大湾区、中国（海南）自由贸易试验区等战略带来的重要发展机遇，南部海洋经济圈持续领先。2019年我国南部海洋经济圈海洋生产总值达36 486亿元，比2018年名义增长

10.4%，增速在三大经济圈中最高。

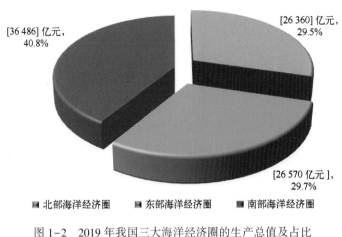

图 1-2 2019 年我国三大海洋经济圈的生产总值及占比

二、主要沿海省市海洋经济发展情况

(一) 辽宁

辽宁是我国东北地区唯一的沿海省份。自辽宁沿海经济带上升为国家战略以来，发展实力和后劲不断增强，海洋经济已成为辽宁经济发展与东北振兴的重要引擎。2019 年全省海洋生产总值达到 3465 亿元，同比名义增长 9.0%，占全省地区生产总值的 13.9%。

其中，大连海洋产业增加值 1649.7 亿元，船舶制造业已成为大连工业经济持续发展的支柱产业之一，生产了我国第一艘万吨轮船、第一艘航母，建成了全国最大的粮食、铁矿、石油装卸平台等，已重点建设涉海国家级实验室、工程技术研究中心等研发机构 23 个，海洋高新技术企业和技术先进型服务企业达到 300 余家，组建了 9 个海洋产业技术创新联盟，海洋科技创新资源丰富。

（二）河北

2019年，河北省实现海洋生产总值2927亿元，同比名义增长13.3%，海洋生产总值占全省地区生产总值比重达到8.3%，较上年增加0.3个百分点，为建设经济强省、美丽河北提供了有力支撑。2019年3月，中共河北省委、河北省人民政府印发《关于大力推进沿海经济带高质量发展的意见》，意见强调，加大供给侧结构性改革力度，推动沿海经济带在全省创新发展、绿色发展、高质量发展中走在前列。到2022年，基本建成全国富有竞争力的现代化港口群、富有特色的海洋经济新兴发展区、富有优势的新型工业化基地、富有魅力的滨海生态宜居区、富有活力的开放合作新高地。

（三）天津

2019年，天津市海洋经济发展稳中向好。据初步核算，全年全市海洋生产总值达到5398.9亿元，同比名义增长5.5%，占地区生产总值比重为38.3%，海洋三次产业结构为0.2∶48.4∶51.4，海洋经济成为全市经济发展的重要支柱。作为京津冀地区的海上门户，天津港2019年完成集装箱吞吐量1730万标准箱，同比增长8.1%，增幅继续位居全球十大港口前列。

在海洋装备产业方面，天津市初步建成临港经济区海洋工程装备制造产业集群和海洋高新区海洋设备产业集群；在海洋生物医药产业方面，形成缓解视疲劳胶囊、海洋植骨新材料开发、海洋微藻复合多糖等一批海洋生物医药新产品；在海水利用产业方面，产能规模不断扩大，装机规模已达到31.7万吨/日，占全国的34.2%，居全国首位，北疆电厂"海水淡化—浓海水制盐—海水化学元素提取—浓海水化工"的循环经济模式被列为全国海水综合利用循环经济发展试点和向市政供水试点单位。

（四）山东

2019 年，山东省全年海洋生产总值 14 569 亿元，同比名义增长 9.0%，占全省地区生产总值比重为 20.5%。海洋第一产业、第二产业、第三产业增加值占全省海洋生产总值比重分别为 4.2%、38.7% 和 57.1%。2019 年，山东省海洋工作以"13103"为"施工图"，担当作为、狠抓落实，在推进海洋高质量发展上取得新突破、新成果，推进海洋强省建设向纵深发展。海洋经济发展质量趋优，海洋新兴产业快速发展，海洋生物医药、海水淡化与综合利用产业增加值居全国首位。新增国家级海洋牧场示范区 12 处，总数为 44 处，占全国的 40%。新增省级海洋牧场示范创建项目 22 个。举办了首届海洋动力装备博览会、东亚海洋合作平台青岛论坛和东亚海洋博览会等活动。设立"中国蓝色药库"开发基金 50 亿元，建成现代海洋药物、现代海洋中药等 6 个产品研发平台。新增海洋工程技术协同创新中心 63 家，青岛海洋科学与技术试点国家实验室超算升级项目获国家立项。

（五）江苏

2019 年，江苏省坚持"陆海统筹、江海联动、集约开发、生态优先"，出台了全国首部促进海洋经济发展的地方性法规——《江苏省海洋经济促进条例》，着力推进海洋强省建设，海洋经济总量规模和发展质量同步提升，"蓝色引擎"作用持续发挥，不断助力全省经济高质量发展走在前列。

根据《2019年江苏省海洋经济统计公报》核算，2019年江苏省海洋生产总值突破8000亿元大关，达到8073.4亿元，比上年增长8.5%，海洋生产总值占全省地区生产总值的比重为8.1%。从产业结构来看，江苏省海洋第一产业增加值524.8亿元，第二产业增加值3851亿元，第三产业增加值3697.6亿元，海洋经济三次产业占全省海洋生产总值的比重分别为6.5%、47.7%和45.8%。第二产业比重略高于第三产业比重，与江苏制造业大省的特点相符，江苏海洋船舶工业、海洋设备制造业等发展水平居全国前列。从区域海洋经济发展来看，2019年，江苏沿海南通、盐城、连云港3个设区市海洋生产总值为4113.3亿元，比上年增长8.2%，占全省海洋生产总值的比重为50.9%。而10个非沿海设区市的海洋生产总值3960.1亿元，比上年增长8.8%，占全省海洋生产总值的比重为49.1%。

（六）上海

上海海洋经济总量持续保持平稳增长，海洋生产总值从2016年的7463亿元增长至2019年的10 372亿元，占全市GDP的27.2%，占全国海洋生产总值的11.6%，位居全国前列。2019年，国家发展改革委批复同意在长兴岛建立国家级海洋经济发展示范区，探索海工装备产业发展模式和海洋产业投融资体制创新，上海长兴岛对推进"长三角"乃至全国海洋经济发展起着重要的示范作用。目前，上海逐步形成了以海洋交通运输、海洋船舶和高端装备制造、海洋旅游业等现代服务业和先进制造业为主导，海洋药物和生物制品、海洋可再生能源利用等海洋战略性新兴产业为发展新动能的现代海洋产业体系。同时，"两核、三带、多点"的海洋产业布局逐步建立，临港、长兴岛海洋产业发展成效显著。

（七）浙江

浙江省高度重视浙江海洋强省建设和海洋经济发展，海洋经济发展总体水平继续处于全国第一方阵。2019 年，浙江省政府批复同意《浙江宁波海洋经济发展示范区建设总体方案》《浙江温州海洋经济发展示范区建设总体方案》，自此，以宁波、舟山为中心，温台杭嘉为两翼的海洋经济发展格局初见雏形。依托大湾区建设和沿海地区临港产业发展，2019 年浙江省共布局打造 35 个海洋经济特色功能区块，其中已有 12 个印发建设实施方案；共安排 302 个海洋经济发展重大建设项目，总投资 7504.2 亿元，有效助推了浙江省海洋强省建设。

2019 年，浙江省海洋经济总产出 26 379.83 亿元，海洋生产总值 8739.27 亿元，比上年增长 9.7%，分别占全国海洋生产总值的 10.5% 和全省地区生产总值的 14%。其中，2019 年宁波-舟山港累计完成货物吞吐量 11.19 亿吨，成为目前全球唯一年货物吞吐量超 11 亿吨的超级大港，连续 11 年位居全球港口第一。

（八）福建

福建省的海洋经济起步较早，2002 年明确提出建设"海洋经济强省"的目标。2012 年，福建海洋经济发展上升为国家战略，成为引领全省经济社会发展的"蓝色引擎"，为"机制活、产业优、百姓富、生态美"的新福建建设注入了强大动力。

2019 年福建省海洋经济继续保持较快增长，据初步核算，全年全省海洋生产总值达到 1.2 万亿元，同比名义增长 12.7%，占全省地区生产总值的 28.4%，海洋产业结构持续优化，海洋第一、第二、第三产业增加值占比分别为 5.6%、32.2% 和 62.2%。海洋渔业、海洋交通运输业、滨海旅游业、海洋建筑业、海洋船舶修造业五大传统产业进一步壮大，占全省海洋经济主要产业总量的 70% 以上。海洋生物医药、海洋工程装备、邮轮游艇等海洋新兴产业蓬勃发展，促进了海洋领域的产业融合。同时，福建省海洋自主创新能力稳步增强，福州、厦门正式入选国家首批海洋经济创新发展示范城市，设立了福建海洋高新产业科技创新基地和南方海洋创业创新基地；实施"智慧海洋"工程，推动了福建省海洋科技、数字经济和装备发展。海洋生态保护扎实推进，福建在全国率先实行沿海地方政府海洋环保目标责任考核制度，持续开展了"百姓富、生态美"海洋生态、渔业资源保护十大行动，提高了海洋经济发展的质量和效益。

（九）广东

2019 年，广东紧抓粤港澳大湾区建设、自贸试验区建设的重大机遇，积极推动沿海经济发展，不断搭建海洋经济发展平台，推动具有海洋特色的广东沿海三个自贸区片区——广州南沙、深圳蛇口和珠海横琴，在海洋经济中抢占制高点，一批涉海龙头企业和具有成长力的新型企业为海洋经济发展注入了澎湃动能。

根据《广东海洋经济发展报告（2020）》显示，2019 年广东海洋生产总值达到 21 059 亿元，同比增长 9.0%，占地区生产总值的 19.6%，占全国海洋生产总值的 23.6%，广东海洋生产总值连续 25 年位居全国前列，海洋经济增长对广东地区经济增长的贡献率达 22.4%。全省海洋产业"四上企业"从业人数 59.3 万人，占全省"四上企业"总从业人数的 2.5%。海洋三次产业结构为 1.9：36.4：61.7，海洋现代服务业在海洋经济发展中的贡献持续增强。

（十）海南

海南省四面环海，管辖海域面积约 200 万平方千米，约占全国海域面积的 2/3，海岸线长度 1823 千米，辽阔的海域、丰富的海洋资源、适宜的气候、优良的生态环境，都为海南发展海洋经济提供了广阔的空间。海南省委、省政府高度重视发展海洋经济，充分把握海南自贸区（港）建设机遇，大力推进海口国家海洋经济创新发展示范城市建设，陵水获批建设国家海洋经济发展示范区，三亚、文昌、琼海、东方和儋州等市县同步开展休闲渔业试点，实现海洋经济发展总体平稳、稳中有进。2019 年，海南海洋生产总值为 1717 亿元，同比名义增长 8.5%，海洋生产总值占全省地区生产总值的 32.3%，海洋经济三次产业结构进一步优化，为 16.1：14.6：69.3，形成了以海洋渔业、海洋旅游业、海洋科教服务业为支柱产业的海洋经济产业体系。

第三节　区域海洋发展战略

一、粤港澳大湾区

粤港澳大湾区由"9+2"组成，即广东省的广州、深圳、珠海、佛山、中山、东莞、惠州、江门、肇庆以及香港特别行政区、澳门特别行政区。土地面积合计 5.6 万平方千米,占全国的 0.6%;2019 年经济总量 11.6 万亿元,占全国 GDP 总量(99.94 万亿元)的 11.61%。

粤港澳大湾区发展酝酿已逾 10 余年,从 2005 年明确"湾区发展计划",到 2015 年"一带一路"倡议提出共建粤港澳大湾区。2017 年,国家发展改革委牵头粤港澳三地签署大湾区建设框架协议,直到《粤港澳大湾区发展规划纲要》出台,粤港澳大湾区规划建设逐渐落地。2019 年 2 月,中共中央、国务院印发《粤港澳大湾区发展规划纲要》,正式上升为国家战略。粤港澳大湾区的总体发展目标是要将该区域打造成为世界第四大湾区以及世界级城市群,成为全球开放经济与创新经济的主要动力。

粤港澳大湾区是通过一片海连接起来的,随着粤港澳大湾区合作的不断推进,海洋经济自然成为大湾区的核心引擎。《粤港澳大湾区发展规划纲要》提到,大湾区要构建具有国际竞争力的现代海洋经济产业体系,要加强粤港澳合作,拓展蓝色经济空间,共同建设现代海洋产业基地。随后,广东省委、省政府印发了《关于贯彻落实〈粤港澳大湾区发展规划纲要〉的实施意见》,提出重点发展海洋电子信息、海上风电、海洋高端智能装备、海洋生物医药、天然气水合物、海洋公共服务等海洋产业,培育壮大海水淡化和综合利用、海洋可再生能源等海洋新兴产业。

据悉,广东省从 2018 年起,连续 3 年由省财政厅每年安排 3 亿元专项资金,支持海洋电子信息、海上风电、海洋生物、海工装备、天然气水合物、海洋公共服务六大海洋产业领域创新发展，成功申报的项目可获得 100 万元至 1000 万元不等的资金支持。目前，广东已成为我国海洋经济发展的核心区之一，海洋高端装备制造、海上风电等千亿级海洋新兴产业集群初具雏形，天然气水合物勘探和实验测试技术达到国际先进水平。加之香港的高端航运业、澳门的滨海旅游业等特色产业优势，粤港澳大湾区已成为我国海洋经济高质发展的引擎。

二、山东半岛蓝色经济区

山东半岛蓝色经济区，是中国第一个以海洋经济为主题的区域发展战略，是中国区域发展从陆域经济延伸到海洋经济、积极推进陆海统筹的重大战略举措。范围包括山东全部海域和青岛、烟台、威海、潍坊、东营、日照 6 市及滨州的无棣、沾化 2 个沿海县所属陆域，海域面积 15.95 万平方千米，陆域面积 6.4 万平方千米。

2009 年 4 月，时任中共中央总书记、国家主席胡锦涛在山东考察时指出："要大力发展海洋经济，科学开发海洋资源，培育海洋优势产业，打造山东半岛蓝色经济区"。2011 年 1 月 4 日，国务院批复了《山东半岛蓝色经济区发展规划》，标志着全国海洋经济发展试点工作进入实施阶段，也标志着山东半岛蓝色经济区建设正式上升为国家战略，成为国家层面海洋发展战略和区域协调发展战略的重要组成部分。依据规划，山东半岛蓝色经济区的战略定位是：建设具有较强国际竞争力的现代海洋产业集聚区、具有世界先进水平的海洋科技教育核心区、国家海洋经济改革开放先行区和全国重要的海洋生态文明示范区。

通过推进山东半岛蓝色经济区建设，山东省海洋经济发展取得重大成就，成为我国重要海洋大省，集聚了大量海洋高端人才。其中，全国近1/2的海洋科技人才和近1/3的海洋领域院士集聚在山东，还拥有中国海洋和水产领域最高学府——中国海洋大学，有32家省部级海洋重点实验室、省级以上涉海科研院所42家，全国唯一的海洋科学与技术国家实验室以及国家深海基地、大型综合海洋科学考察船等重量级国家创新平台都在山东。同时，山东的青岛、烟台、威海3市先后获批国家海洋经济创新发展示范城市；威海、日照2市获批建设国家海洋经济发展示范区，加速推进了山东省海洋经济发展。

三、西部陆海新通道

"西部陆海新通道"是新时代背景下，中国与新加坡两国又一次里程碑式的合作，以重庆为中心，新加坡、广西、贵州、甘肃等地区参与，有机衔接"一带一路"的贸易新通道。

2014年11月，新加坡总理李显龙访华，表达了想积极参与中国西部大开发的意愿，在中新（重庆）战略性互联互通示范项目框架下，由中国西部省份与新加坡合作打造陆海贸易新通道。2015年11月，习近平总书记访问新加坡，双方领导人就中新（重庆）战略性互联互通示范项目的开启交换了意见并达成了广泛共识。2017年3月，重庆、广西、贵州、甘肃4省区市签署"南向通道"（"陆海新通道"的前身）框架协议，建立联席会议机制。如今，"陆海新通道"的合作范围已扩展至重庆、广西、贵州、甘肃、青海、新疆、云南、宁夏、陕西9个省区市。2019 年 8 月，经国务院同意，国家发展改革委印发《西部陆海新通道总体规划》，明确了西部陆海新通道的战略定位、空间布局、发展目标和重点任务。其中，西部陆海新通道涵盖的 13 个省（区、市），绝大部分地区是我国经济欠发达、需要加强开发的地区，在国家深入推进区域协调发展战略背景下，西部陆海新通道建设对推进西部地区与东盟国家深化海陆双向开放合作，形成区域化发展具有重要的作用。

广西自治区党委、自治区人民政府高度重视西部陆海新通道建设，将这项工作作为落实习近平总书记赋予广西"三大定位"新使命的重要抓手扎实推进。2019 年 7 月 31 日召开了全区推进北钦防一体化和西部陆海新通道建设大会，自治区领导就全面贯彻落实国家《西部陆海新通道总体规划》进行了动员部署，之后又作出一系列的指示要求，全力推进陆海新通道各项工作，并取得积极进展。一是物流枢纽体系初步形成。截至 2019 年底，广西已建成由防城港保税物流中心、南宁综合保税区、北海综合保税区、钦州保税港区、凭祥综合保税区等海关特殊监管区组成的结构完整、地域覆盖广泛的广西保税物流体系。二是陆海两大干线物流快速增长。2019 年海铁联运班列和集装箱运输增长接近翻番，铁路方面，中越（南宁—河内）跨境直通班列实现每周 3 班常态化运行，全年累计开行 111 班，较 2018 年增长了 88.1%；公路方面，推动常态化开行广西至越南、泰国、老挝、柬埔寨 4 条跨境公路班车运输线路。2019 年凭祥友谊关口岸出入境货车 32.44 万辆次，同比增长 22.6%，集装箱吞吐量 41 万标准箱，同比增长 28.1%。三是通道物流降费提效优服成效明显。2019 年北部湾港港务费、港口设施保

安费、引航(移泊)费、航行国内航线船舶拖轮费较以往分别降低
15%、20%、10%和5%,海港口岸集装箱进、出口环节合规成本分别
下降43.5%和28.6%。

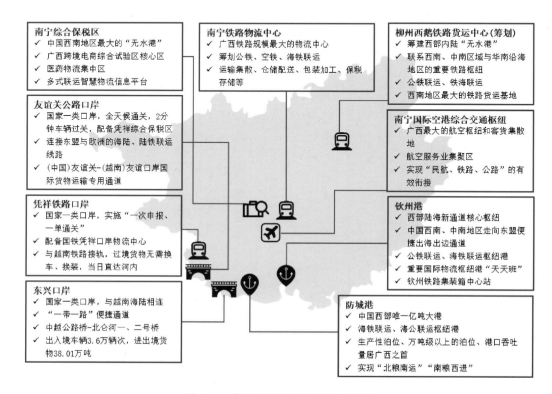

图1-3　广西重要物流枢纽分布情况

表1-1　2019年部分地区进口和出口通关时间

地区	进口整体通关时间(小时)	出口整体通关时间(小时)
全国	36.7	2.6
广西	10.2	1.4
广东	14.73	2.46
重庆	76.9	0.77
青海	43.4	0.01
云南	18.92	0.32
四川	4.8*	0.5*

第二章 2019 年广西海洋经济发展情况

广西自古就有"八山一水一分田"之说，广西沿边沿海沿江，是我国唯一与东盟海陆相连的省区，是我国西南地区最便捷的出海大通道，也是东盟国家进入中国市场的重要海陆通道。2019 年，广西全年地区生产总值为 21 237.14 亿元，按可比价计算，比上年增长 6.0%。

海洋是资源富集的"聚宝盆"，"蓝色"潜力得天独厚。2017 年 4 月，习近平总书记在视察广西时作出"要建设好北部湾港口，打造好向海经济"的重要指示，是对新时代广西开放发展的精准指导，为推动海洋强区建设注入了强劲动力。2019 年，对海洋部门来说是一个特殊年份，新一轮机构改革后，作为全国 3 个保留省级海洋部门的省份之一，广西壮族自治区党委、自治区人民政府对海洋强区建设寄予了厚望，对海洋工作提出了更高的要求。2019 年，广西牢记总书记嘱托，牢牢把握新时代海洋工作的总体要求，坚定海洋信心、凝聚海洋共识、强化海洋举措，全力推动海洋经济加快发展，取得显著成效。

第一节 广西海洋资源禀赋情况

一、海域和海岸线资源

广西沿海地区海岸线长 1629 千米，在全国 11 个沿海省份排第 6

位，可供开发利用的海域面积 2 万多平方千米，其中滩涂面积 1005 平方千米，浅海面积 7500 平方千米。拥有岛屿 643 个，总面积 84 平方千米，岛屿岸线长 500 多千米。

二、沿海港口资源

广西海岸线曲折，港湾水道众多，天然屏障良好，有天然优良港群之称。沿岸天然港湾有 53 个，可开发的大小港口 21 个，除防城港、钦州港、北海港三个深水港口之外，可供发展万吨级以上深水码头的海湾、岸段有 10 多处，如铁山港的石头埠岸段、北海的石步岭岸段、涠洲岛南湾、防城港的暗埠江口和珍珠港等，具有水深港阔，避风隐蔽，不冻不淤等特点，可建万吨级以上深水泊位 100 多个。

广西近海有铁山港湾、廉州湾、大风江口、钦州湾、防城港湾、珍珠港湾和北仑河口 7 处重要海湾，其中的铁山港湾、大风江口、钦州湾和防城港湾拥有丰富的港址、锚地和航道资源。港址资源主要分布在防城港域、钦州港域和北海港域的 8 个港区和多个港点。其中北海港域主要港湾有英罗湾、铁山湾、廉州湾，湾内具有良好的港址；钦州港域海岸从大风江口西岸至钦州湾的西侧，海区外海波浪影响不大，沿岸可利用的土地宽阔，具有较好的建港条件，拥有钦州湾东岸、北岸、西北岸港址和大风江西岸港址；防城港海域海岸从钦州湾西侧至中越交界的北仑河口，港域内有企沙湾、防城港湾、珍珠港等海湾，各海湾的岬角水深条件较好，−5 米等深线贯穿各湾口，湾口有深槽，湾内水域宽阔，有较好的建港条件，有蝴蝶岭港址、京岛港址、赤沙港址、企沙半岛西岸港址等多个优良港址。锚地共有 8 处，分布在防城港、钦州港、北海港三大港域。港口进港航道 131 千米，规划航道有 18 条，其中，防城港进口航道 3 条，钦州港进口航道 2 条，北海港进口航道 2 条。

三、滨海旅游资源

广西沿海地区气候温和，四季宜人，风光秀丽，旅游资源丰富，沿海分布着众多的红树林、珊瑚礁、火山岛等海洋自然景观，融入丰富的历史人文、文化古迹和少数民族风情等海洋文化元素，是理想的休闲度假、观光体验地。目前，银滩、金滩、涠洲岛、红树林、三娘湾、龙门诸岛等景观成为了全国知名景观，是打造北部湾国际旅游度假区的重要基础。

四、海洋生物医药资源

广西海域面积较大，而且气候适宜，为鱼类提供了良好的繁殖栖息场所，这使得广西鱼类资源极其丰富。尤其是北部湾海域，北部湾海域属于热带海洋气候，适于各种鱼类繁殖生产，加之陆上河流携带大量的有机物及营养盐类输入到海洋中，使北部湾成为中国高生物量的海区之一，出产鱼贝类 500 余种，以红鱼、石斑、马鲛、鲳鱼、立鱼、金线鱼等 10 多种最为著名，其他海产中的鱿鱼、墨鱼、对虾、青蟹、扇贝等品种，以优质、无污染而在国内外市场享有盛誉。北部湾海域拥有湾北渔场、湾中渔场和外海渔场三大渔场，渔场面积近 4 万平方千米，各种海洋生物共计 1155 种，占我国海洋生物种类的 5.7%。

五、海洋油气和矿产资源

北部湾是我国沿海六大含油盆地之一，油气资源蕴藏量丰富，石油资源量 16.7 亿吨，天然气（伴生气）资源量 1457 亿立方米。北部湾海底沉积物中含有丰富的矿产资源，已探明 28 种，以石英砂矿、钛铁矿、石膏矿、石灰矿、陶土矿等为主，其中石英砂矿远景储量 10 亿吨以上，石膏矿保有储量 3 亿多吨，石灰石矿保有储量 1.5 亿吨，钛铁矿地质储量近 2500 万吨，对于广西经济的发展起到重要的保障作用。

六、海洋能资源

广西沿海地区可利用的风能和潮汐能资源丰富，海洋能源的总储量达 92 万千瓦，其中白龙尾半岛附近为沿海的高风能区，年平均有效风能达 1253 千瓦·小时/米^2，涠洲岛附近海域年均有效风能 811 千瓦·小时/米^2，可开发利用的潮汐能有 38.7 万千瓦，可建设 10 个以上风力发电场和 30 个潮汐能发电站，发展潜力大。

第二节　广西海洋经济总体情况

一、海洋经济规模持续扩大

据初步核算，2019 年广西海洋生产总值达 1664 亿元，按现价计算，比上年增长 13.4%；占广西生产总值的比重为 7.8%，比 2018 年提高 0.4 个百分点；占沿海三市（北海、钦州、防城港）生产总值的比重为 49.5%，比 2018 年提高 2.6 个百分点。海洋经济对沿海地区支撑力度持续加大，其中，主要海洋产业增加值 874 亿元，占沿海三市生产总值的比重为 26.0%。

按海洋经济核算三大层次划分，主要海洋产业增加值 874 亿元，比上年增长 15.3%；海洋科研教育管理服务业增加值 214 亿元，比上年增长 9.7%；海洋相关产业增加值 577 亿元，比上年增长 11.8%。

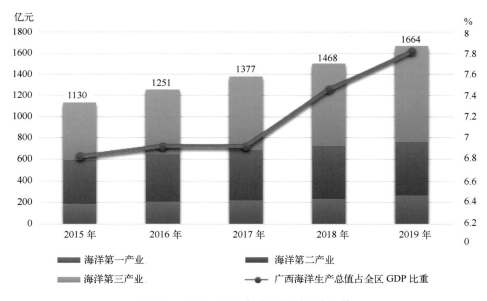

图 2-1　2015—2019 年广西海洋生产总值

二、海洋经济结构不断优化

按海洋经济三次产业划分，海洋第一产业增加值 263 亿元，海洋第二产业增加值 498 亿元，海洋第三产业增加值 903 亿元，分别比

2018年增加33亿元、11亿元和117亿元。海洋第一、第二、第三产业增加值占海洋生产总值的比重分别是15.8%、29.9%和54.3%，较2018年，海洋第一产业占比增加0.5个百分点，海洋第二产业占比降低2.5个百分点，海洋第三产业占比提高2个百分点，海洋服务业比重不断提升。

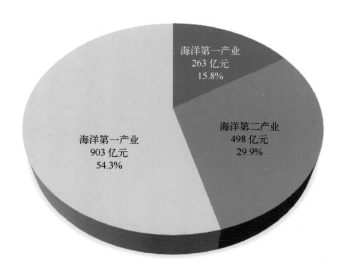

海洋第一产业
263亿元
15.8%

海洋第二产业
498亿元
29.9%

海洋第一产业
903亿元
54.3%

图2-2　2019年广西海洋三次产业增加值

三、区域海洋经济平稳增长

据初步核算，2019年北海市海洋生产总值为634亿元，占广西海洋生产总值的比重为38.1%，较2018年占比降低0.2个百分点；钦州市海洋生产总值624亿元，占广西海洋生产总值的比重为37.5%，较2018年占比持平；防城港市海洋生产总值406亿元，占广西海洋生产总值的比重为24.4%，较2018年占比提高0.3个百分点，说明广西三个沿海城市海洋经济发展较为稳定。

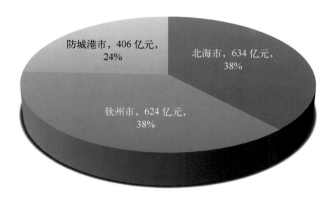

图 2-3　2019 年广西沿海三市海洋生产总值结构

第三节　广西海洋经济发展主要举措

一、出台发展向海经济系列文件

从 2012 年开始，海洋部门就着手推动出台自治区层面的海洋事业发展顶层设计文件。2017 年 4 月，习近平总书记视察广西时作出"打造好向海经济"的重要指示，新组建的自治区海洋局以此为契机，积极谋划新时期海洋经济发展和海域海岛管理相关政策措施。2019 年 12 月 19 日，自治区党委、自治区人民政府正式印发实施《关于加快发展向海经济推动海洋强区建设的意见》（桂发〔2019〕38 号），这是指导当前和今后一个时期做好海洋工作的纲领性文件，对于加快推动海洋强区建设具有里程碑意义。

此外，还出台了《广西壮族自治区人民政府关于加强滨海湿地保护严格管控围填海的实施意见》《广西壮族自治区海域、无居民海岛有偿使用的实施意见》《广西加快实施"智慧海洋"工程行动方案》《广西海洋现代服务业发展规划（2019—2025年）》《广西加快现代海洋渔业发展行动方案》《广西海洋生态环境修复行动方案（2019—2022年）》等系列向海经济文件，为广西推动海洋生态文明建设，保障向海经济持续发展，打造海洋强区提供了有力的制度支撑。

二、加快布局海洋经济产业体系

产业是海洋经济的核心内容。广西按照"强龙头、补链条、聚集群、抓创新、创品牌、拓市场"的发展思路，打造七大"千亿级"临港产业集群，建设12个百亿元以上重点产业园区，加快升级传统海洋产业，培育壮大腹地向海产业，创新升级新兴产业。

一是海洋产业保持较快增长。支柱海洋产业优势逐步扩大，海洋传统产业加快升级改造，海洋战略新兴产业发展较快。

二是临港产业集聚发展。先后布局建成了北海炼化、防城港红沙核电、钦州金桂林浆纸、北海斯道拉恩索林浆纸、北部湾新材料等一大批重大产业项目，惠科电子北海产业新城、钦州华谊新材料、防城港钢铁基地、中铝生态铝、华立东兴项目等一批重大项目有序推进。通过打造一批产业发展示范区，北部湾经济区已初步形成电子信息、冶金精深加工、石化、粮油和食品加工、装备制造、能源生物医药和健康、轻工业等千亿元产业。

三是园区平台支撑作用越来越强。广西在沿海地区规划建设了一批向海经济产业园区，主要有钦州港经济技术开发区、中-马钦州产业园、广西钦州保税港区、北海工业园、北海出口加工区、北海高新技术产业开发区、北海市铁山港临海工业园、广西合浦工业园、防城港经济技术开发区、东兴边境经济技术开发区、防城区工业园区共 11 个园区。这些园区的规划建设为沿海地区、北部湾经济区的产业发展、经济建设提供了广阔的发展空间，为向海经济发展提供了良好平台。2019 年，以上 11 个园区共实现工业产值 3410.55 亿元，占全区地区生产总值的 16%；实现工业增加值 822.4 亿元。其中，铁山港作为广西北部湾港的重要组成部分，是广西最大的临海工业区，已经成为承接产业转移、发展港口物流、布局重大临海工业、拓展对外贸易的重点区域。

三、加快推动腹地城市向海发展

联动是发展海洋经济的关键。广西坚持全区发展"一盘棋"，统筹区域协调发展，推进陆海联动、江海联动、山海联动，促进广西陆域资源要素加速向海汇集。

一是陆海联动。强化沿海三市与内陆市县联动发展，推进北钦防一体化和实施强首府战略，谋划建设湘桂向海经济走廊，南宁成为全国首批国家物流枢纽，高标准高水平建设好、运行好、管理好防城港钢铁基地，内陆各市有色金属企业加强与北部湾临港园区互动合作，玉林与北海共建龙港新区玉港合作园，建设川桂国际产能合作产业园，鼓励四川、贵州、云南等西部省份及其他地区利用飞地经济，促进广西陆域资源要素向海汇集。

二是江海联动。以服务"东融"，联通"两湾"为目标，加紧实现珠江-西江黄金水道和北部湾港联通，做好东融文章，推动北部湾城市群与粤港澳大湾区联动发展，梧州、贵港提升做实珠江-西江经济带，柳州建设官塘物流港作为融入西江经济带的重要港口。

三是山海联动。加快实施西部大开发、左右江革命老区振兴等国家战略，推动山区资源开发与沿海产业发展互补融合，加快新时代山区经济发展。开通"贺州-北部湾港"桂东海铁联运班列，将绿色高端碳酸钙运往北部湾港出口。实施山海协作扶贫工程，通过在中马钦州产业园建设扶贫小镇，推进河池大化县易地扶贫搬迁，实现河池与钦州山海联动，助力解决山区群众脱贫与企业用工问题。

四、努力保障重大项目用海需求

2019年，广西海洋局认真落实国家围填海严控新政要求，积极争取自治区人大法工委的支持对"不改变海域自然属性用海的方式"进行释法，及时研究出台不改变海域自然属性用海审批管理办法，有效保障了一批重大项目用海需求。一方面，按照"成熟一个上报一个，成熟一批上报一批"的原则，向自然资源部上报了神华国华广投燃煤电厂、北海海丝首港、钦州金鼓江12号和13号码头、防城港盛隆钢铁4宗未批已填围填海历史遗留问题处置方案，涉及项目用海面积54公顷，总投资约180亿元。全年累计上报自然资源部处理历史遗留问题的项目涉及使用海域面积达2867.19公顷，为促进项目建设经济稳增长提供了资源要素保障。

据统计,2019 年共保障了钦州港东航道扩建工程、兰州至海口高速广西钦州至北海段(牛骨港一桥)改扩建工程、防城港钢铁基地铁路专用线工程、防城港红沙核电站、钦州港三墩岛 30 万吨级油码头管道等涉及西部陆海新通道和自由贸易试验区的 13 个重大项目建设用海需求,涉及用海面积 650 多公顷,项目计划总投资累计达 500 多亿元,预计项目投产后将拉动相关经济增长超 3000 亿元。同时,按照自治区政府的工作要求,为及时保障香港机场扩建项目用砂,通过改革创新海域使用出让方式,实行海域使用权与海砂采矿权"两权"联合出让,如期完成了向香港机场扩建项目供砂的政治任务。该创新做法得到了自然资源部的肯定,并上升为全国制度规范。

五、积极搭建海洋科技创新平台

科技创新是发展海洋经济的驱动力。2019 年,广西深入开展交流合作,夯实海洋科技创新平台。支持自然资源部第四海洋研究所与柬埔寨环境部、马来西亚马来亚大学、泰国朱拉隆功大学、极地考察办公室开展珊瑚礁保护与修复、海洋防灾减灾、蓝碳、极地调查和科学研究等方面的交流合作。与自然资源部第四海洋研究所等有关单位共同承办 2019 年中国–东盟海洋科技合作研讨会,支持北海市举办 2019 年北海南珠节暨国际珍珠展,支持防城港市举办海洋经济与文化旅游发展论坛。先后与大连海洋大学、武汉大学签署了合作协议,组织科研院校和企业申报 50 项海洋科技项目,做好广西科技重大专项项目储备。广西海洋研究院成功完成广西首例珊瑚人工有性繁殖研究。据不完全统计，2019 年，全区科研院所获批或实施涉海国家级科技项目 63 个，经费 0.35 亿元；获批或实施涉海省部级科技项目 150 个，经费 2.01 亿元；涉海专利授权 94 项，国家标准 1 项。

六、不断加强海洋经济对外合作

2019 年，广西推动广西北部湾国际港务集团加强与中远海运、新加坡港务、太平船务等国内外大型航运企业合作，新开通北部湾港至南美东远洋集装箱航线，北部湾港远洋集装箱航线达到 2 条，目前北部湾港累计已开通外贸航线 26 条；北部湾港至新加坡实现每周 2 班常态化运行，班轮舱位利用率从 2018 年不到 5％提升到 2019 年的 37％；北部湾港—新加坡等班轮全年累计开行 450 班，发运集装箱 10.16 万标准箱。北部湾港继续保持与世界近 100 个国家和地区的 200 多个港口开展贸易运输合作，充分发挥了广西作为我国与东盟地区海上互联互通、开放合作的前沿作用。与此同时，广西涉海企业与越南、柬埔寨、泰国、孟加拉国、巴基斯坦等 20 多个国家和地区开展海洋和渔业产业合作，建设了南美白对虾种苗基地、冷链物流基地、金鲳鱼养殖基地、彩色珍珠养殖基地以及贝类联合实验室等，合作内容从远洋捕捞作业，拓展到海洋养殖、渔业科研、生物保护、补给服务等更广阔更深层次领域。2019 年在北海市成功举办中国–东盟海洋科技合作研讨会、北海南珠节暨国际珍珠展，防城港市举办海洋经济与文化旅游发展论坛等，海洋对外合作取得积极成效。

七、加强生态保护构建绿岛蓝湾

良好生态是发展海洋经济的基础支撑。2019 年，广西统筹推进海洋生态文明建设与经济社会发展，生态环境保护制度不断完善。出台了《广西海洋生态修复行动方案（2019—2022 年）》，继续推动实施防城港市"蓝色海湾"综合整治行动项目，北海市成功申报 2019 年国家"蓝色海湾整治行动"试点城市，获得 2.2 亿元中央财政专项资金支持。推动钦州市建立全区第一个海洋生态应急处置管理基地，实现了海洋生态减灾专业队伍、应急处置船舶、应急物资仓库共享的"三大整合"。在全国率先制定《2020 年广西海洋自然资源承载力与生态预警监测实施方案》，首次单独发布《2018 年广西海洋灾害公报》，每日制作海洋预报产品并通过电视、广播、网络等媒体向社会播送。全区全年未发生海洋灾害造成人员失踪死亡事故。成功举办以"珍惜海洋资源，保护海洋生物多样性"为主题的"6·8"世界海洋日暨全国海洋宣传日广西（钦州）主场活动。2019 年，广西全区大陆自然岸线保有率 37%，近岸海域优良水质达标率保持在 90% 以上，海洋生态系统健康完整，海洋生态服务价值稳步上升，是全国最洁净的近岸海域之一。

第三章　2019 年广西海洋产业发展情况

2019 年，广西按照"强龙头、补链条、聚集群，抓创新、创品牌、拓市场"的发展思路，加快升级海洋渔业、海洋运输、海洋旅游等传统海洋产业，培育发展新材料、新装备、新能源、生物医药等海洋新兴产业，创新升级海洋科研教育服务业、海洋金融等海洋服务业，打造冶金及有色金属、绿色化工、电子信息、轻工食品、林浆纸、装备制造、能源等"千亿级"临港产业集群，建设 12 个百亿元以上重点产业园区，并取得明显成效。

第一节　海洋传统产业

一、海洋渔业发展情况

海洋渔业在广西海洋产业体系中占据主导地位。2019 年，广西渔业产值为 565.6 亿元，同比增长 6.24%。从细分产业来看，海水养殖产值为 232.84 亿元，占比 41.16%；海洋捕捞产值为 105.23 亿元，占比 18.6%。其中，全年海洋渔业增加值 284 亿元，比上年增长 12.3%，海洋渔业实现较快增长。2019 年，广西以实施乡村振兴战略为引领，推进渔业产业结构调整，重点加强沿海渔港、海洋牧场、渔船更新改造、渔业种业基地、渔业园区和稻渔综合种养示范基地建设，夯实现代渔业发展基础，大力发展休闲渔业，银滩南部海域入选国家级海洋牧场示范区，"北海沙虫"通过国家农产品地理标志专家评审，"钦州大蚝"连续入选中国品牌价值榜。

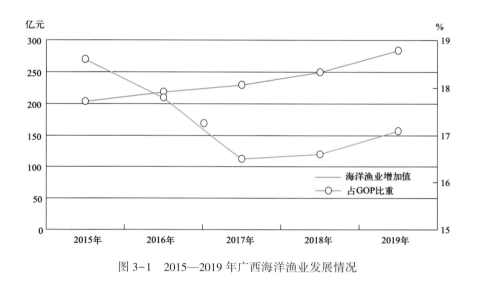

图 3-1 2015—2019 年广西海洋渔业发展情况

北海成为广西海洋渔业最大贡献区。2019 年北海市海洋渔业增加值为 140 亿元，占广西海洋渔业增加值的比重为 49.3%。其中，北海市深入推进北海海洋产业科技园区建设、引导近岸网箱养殖向深水网箱养殖推进等，打造现代海洋牧场；编制《北海市海洋牧场建设规划（2019—2023 年）》，为北海市海洋牧场发展提供科学依据；开展渔业健康示范县和健康养殖示范场创建工作，北海市现共有 10 家国家级水产健康养殖示范场；探索"金鲳鱼+珍珠贝+名贵鱼"多层次种养生态模式和铁山港区珍珠示范区探索出的"珍珠贝+底播象鼻螺、文蛤"多层次种养生态模式。积极发展钦州大蚝、珍珠贝、沙包螺、文蛤等广西特色贝类生产。实施振兴南珠产业，2019 年新增南珠养殖面积 7400 亩，总面积达 1.04 万亩，收获南珠 917.82 千克。

2019 年钦州市海洋渔业增加值为 65 亿元，占广西海洋渔业增加值的比重为 22.9%。钦州市充分利用海洋资源，大力发展浮筏吊养、网箱养殖等海水生态养殖，全市海水养殖面积 21.3 万亩，规模养殖大蚝、鲈鱼、金鲳鱼、石斑鱼等名贵海养品种。目前，钦州全市海水产品产量超过 40 万吨，海洋渔业产值超过 60 亿元，海洋渔业成为钦州市海洋经济的重要支柱产业。

2019 年防城港市海洋渔业增加值为 79 亿元，占广西海洋渔业增加值的比重为 27.8%。防城港市率先启动国家级海洋牧场示范区项目建设，在白龙珍珠湾海域建设投放人工鱼礁 2200 多个，礁体空方量约 12 万立方米，形成了 1.6 万亩的人工鱼礁区，增殖放流鱼虾蟹贝类总计约 7.6 亿尾（只）。连续两年举办中国–越南北部湾渔业资源联合增殖放流养护活动，进一步宣传、修复和保护防城港市良好的海洋生态环境和渔业资源。先后与中国水产科学研究院、广东海洋大学、大连海洋大学等签订建立渔业科技战略合作新模式，工厂化生态高效养殖模式得到有效推广，率先在全区建成了室内温控工厂化循环水养殖项目和首个海水渔光互补光伏发电项目，被评为广西科技示范园区。率先在全区建成 2 个以渔业为主导产业的自治区级现代农业（核心）示范区。

二、滨海旅游业发展情况

滨海旅游业是现代海洋产业体系中的重要产业，在提升海洋产业附加值、扩大就业方面发挥重要作用。2019 年，广西依托北部湾(广西)旅游联盟，主动融入 21 世纪海上丝绸之路旅游带建设；开通北海至广州、深圳、海口等地航班，扎实开展旅游跨区域合作；积极传承三娘湾祭祀三娘、北海"侨港开海节"、中国·北部湾开海节等海洋节庆文化，共同打造北部湾蓝色海洋旅游品牌；积极推进广西海上丝绸之路申遗工作，加快推进北部湾旅游业持续、健康、快速的发展。2019 年，广西滨海旅游业继续保持较快增长，全年实现增加值 274 亿元，比上年增长 34.3%。

其中，2019 年，北海市全力推进海洋旅游产业，加快涉海旅游项目建设，全力开展北海银基项目、北部湾国际海洋旅游服务基地项目。在银滩旅游度假区实施 11 个银滩改造"6+N"项目建设，冠岭旅游综合体项目正开展南区主体施工、北区基础施工，涠洲岛西角旅游综合体已完成所有主体建设。推动"旅游+"深度融合，发展水上飞机、海上运动等海洋旅游新业态。全国首条水上飞机固定航线在北海成功首飞，顺利举办了第二届全国青年运动会风筝板决赛、2019 年亚洲风筝板锦标赛和全国风筝板锦标赛等精彩纷呈的海洋运动赛事，打造具有北海特色的海洋运动旅游品牌，使体育赛事成为推介北海、宣传北海、传播北海的重要平台。2019 年，北海市旅游人数突破 5000 万人次，达到了 5278.85 万人次，同比增长34.14%。

防城港市的海洋文旅产业发展迅速，白浪滩-航洋文化旅游综合体项目、广西三月三文化旅游项目、防城港万海旅游度假村、防城港三世乐园项目和防城港边境旅游试验区等一批重大文旅项目建设有序推进。2019年，防城港市接待国内游客3651.69万人次，同比增长32.95%。

钦州市积极推进三娘湾白海豚康养文旅小镇、钦北九溪禅心谷康养文化旅游开发等项目建设，打造山海互济、文旅共融的精品线路和品牌。

图3-2　广西滨海旅游业发展情况

三、海洋交通运输业发展情况

广西作为我国西部地区唯一沿海港口地区，在拉动西南、中南地区对外贸易发展方面发挥重要作用。广西抢抓西部陆海新通道建设等重大机遇，着力构建北部湾港大港口、大物流、大通道新格局，泊位大型化、专业化程度不断提高，深水航道建设稳步推进，北部湾区域性国际航运中心地位进一步增强。2019年，沿海港口生产呈现快速增长势头，全年实现增加值185亿元，比上年增长11.5%。

（一）水路运输生产能力持续提升

全年北部湾港货物吞吐量 2.56 亿吨，比上年增长 14.7%，沿海港口国际标准集装箱吞吐量 382 万标准箱，比上年增长 34.6%，增幅均排在全国前列。其中，钦州 1.19 亿吨、防城港 1.01 亿吨、北海 0.35 亿吨。截至 2019 年底，广西沿海港口企业有 92 家，共 270 个生产性泊位，其中万吨级以上泊位 86 个，最大靠泊能力 30 万吨，综合通过能力达 2.6 亿吨，集装箱吞吐能力达 425 万标准箱；北部湾港全年新增 30 万吨级航道 8.5 千米、10 万吨级航道 10.6 千米、0.5 万~5 万吨级航道 12.6 千米。

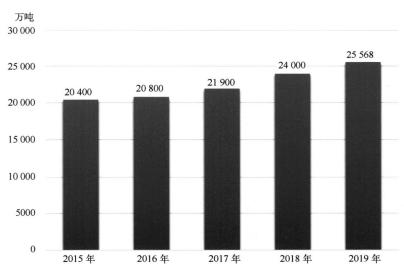

图 3-3　2015—2019 年广西北部湾港口吞吐量情况

（二）沿海集疏运体系不断完善

截至 2019 年底，钦州港钦州东至大榄坪联络线已开通运营，北海铁山港至石头埠、铁山港至啄罗等疏港铁路支线项目加快实施，钦州港金鼓江疏港（钦海）大道项目、松旺至铁山港高速公路等一批疏港公路项目加快建设。突破瓶颈完善集疏运体系，建设完成钦州港集装箱办理站、钦州港东站等一批港口"最后一公里"项目。

（三）港口航线进一步拓展加密

北部湾港以打造千万标准箱干线港为抓手，大力培育集装箱班轮航线，开行了北部湾港—新加坡直运航班，成功新增开通北部湾港至南非、北部湾港至南美东远洋集装箱 2 条航线，远洋航线实现从无到有的突破。国际班轮航线不断新增加密，2019 年，北部湾沿海港口已开通航线 46 条，其中外贸航线 25 条，内贸航线 21 条。

第二节　海洋新兴产业

一、海洋高端装备制造产业发展情况

在广西海洋高端装备制造业的业态主要有海洋船舶制造和海洋工程装备制造。2019 年，广西海洋船舶工业全年实现增加值 4 亿元，与上年持平。2019 年，广西加快打造以钦州、北海、防城港为主体的北部湾沿海修造船、海工装备、配套、生产性服务产业集群，积极推动广西南洋船舶工程有限公司开展深海网箱高效养殖装备集成项目，有效推进北海海利舵导航仪器有限公司开展船舶无人驾驶设备及海洋探测装备和海上移动(固定)成套 Wifi 系统设备制造项目，目前海王星海洋工程、海利舵导航仪等项目已建成投产；在中船大型海工修造及保障基地的基础上，正在推进石化装备与海洋重工、海上风电装备制造

基地等项目，成功引进中国船舶工业集团公司建设的总投资 75 亿元的中船钦州大型海工修造及保障基地项目，目前已具备年修理和改装 10 万吨级各型船舶的能力，填补了广西乃至周边区域大型海工修造船产业的空白；推动广西合浦惠来宝机械有限公司开展起网机、船用导流罩等自动化船用装备制造，目前年产量达 500 套左右；支持北海市建设海洋工程装备制造产业链 3 条，重点发展海洋新材料和海洋零部件以及配套设备装置、加快发展海工和港口机械装备制造业，促进产业体系化和规模化。

二、海洋生物医药产业发展情况

近年来，广西凭借丰富的海洋药用生物资源，融合产学研多方力量，加快技术基础研发能力、扩大产业规模和提升产业增加值，海洋生物医药产业得到迅速发展。目前，全区已形成了以广西中医药大学海洋药物研究院、广西海洋生物技术重点实验室、广西大学海洋学院为核心的重点研究团队与关键技术支撑，培育了北海国发海洋生物产业股份有限公司(珍珠滴眼液)、北海蓝海洋生物药业有限责任公司(鱼肝油)、钦州市阿蚌丁海洋生物有限公司等海洋生物医药龙头企业，打通"发现—技术—工程—产业"海洋生物制药成果转化的链条。2019 年，海洋生物医药业加快发展，全年实现增加值 4 亿元，比上年增长 100%。

其中，北海市积极推动产学研合作，2019 年共有 8 个科研院校与企业开展 15 个产学研合作项目，为北海市对虾、大蚝等优势产业寻找补链条、增加附加值解决办法；优化引导北海海洋产业科技园区建设，形成分工明确、布局合理、特色明显、优势突出的海洋生物产业集聚区；引进有兴龙生物制品、国发海洋生物、天健海洋生物科技等海洋生物医药企业，不断壮大海洋生物医药与制品产业规模，加快海洋经济创新发展；启动建设海洋生物产业链10条，重点开发海洋药物、功能性食品、化妆品，推动绿色农业生物产品实现产业化；积极发展海产品精深加工，推进海洋医用材料、创伤修复产品研发与产业化。

钦州市成功引进并建设慧宝源医药产业园、燕窝加工贸易基地、清真食品产业园等项目，有4家海洋生物医药企业落户，获批建成慧宝源医药科技公司抗肿瘤药物国家工程研究中心、国家级燕窝检测重点实验室。

防城港市充分把握2019年6月14日习近平总书记在上合组织比什凯克峰会上明确提出"支持在防城港市建立国际医学开放试验区"的重大历史机遇，全力推进国际医学开放试验区建设，成功承办国际医学创新合作论坛（中国-上海合作组织），成功引入药明康德、军事医学科学院等科研企业，加快推进国际医学实验室产业园、国际医药战略储备中心、医学创新赋能中心等重点项目建设，初步形成支撑生物医药产业的创新研发基础。

三、海洋能源产业发展情况

海洋能源通常指海洋中所蕴藏的可再生的自然能源，主要为潮汐能、波浪能、海流能（潮流能）、海水温差能和海水盐差能。海洋新能源产业在广西发展较晚，从统计数据可知，2018 年广西开始对海洋电力业发展进行统计，当年的海洋电力产业增加值为 0.01 亿元，到 2019 年产业规模扩大到 1 亿元。目前，广西正在推进防城港和钦州港生物柴油、中马钦州产业园区协鑫分布式能源、防城港红沙核电项目（三期）、白龙核电项目（一期）等项目建设。其中，防城港红沙核电项目采用"一次规划、分批建设、滚动发展"的经营模式，项目规划分三期建设，共建设 6 台单机容量百万千瓦级的核电机组。从目前发展成效来看，广西海洋新能源产业发展相对滞后，产业规模相对较小，发展潜力未得到充分释放，是广西海洋经济发展的短板。

四、海上风电产业发展情况

广西属全国Ⅳ类资源区，陆上整体风能资源条件一般，陆上风电受土地、林地、环境保护、电网接入等因素限制，装机规模难以进一步大幅增加。相比陆上风电，广西海上风电具有可规模化开发、风能资源条件相对较好、不占耕地和林地等优势，具备相对较好的发展前景。

为摸清广西海上风能资源和海上风电开发潜力，协调有序开发海上风电，广西发展改革委于 2012 年 5 月委托启动了广西海上风电场规划工作，于 2015 年 6 月编制完成《广西海上风电场工程规划》，并通过广西发展改革委组织的阶段性成果验收，后因受多重因素影响，广西海上风电前期工作暂缓推进。近年来，随着风电技术的不断进步及广西社会经济发展的需要，广西高度重视海上风电及相关产业的发展，要求加快推进广西海上风电规划等相关工作。2019 年 12 月，广西发展改革委组织有关单位赴福建、江苏、广东等地调研，实地考察钦州、北海、防城港沿海三市海上风电产业落地现状及条件，并协调相关单位到部队、自然资源厅、农业农村厅、海事局、海洋局、港口航道发展中心等部门调研、收集资料，为广西海上风电发展规划实施推进奠定了基础。目前，广西近海海域设立有 3 座测风塔进行海上测风，其中 1 号测风塔已收集约 9 个月的测风数据，2 号、3 号测风塔已收集到 6 个月的测风数据。

目前，广西壮族自治区发展和改革委员会正在编制《广西海上风电发展规划（2021—2030 年）》，提出"结合广西风能资源禀赋，合理规划布局广西海上风电场址，加快发展新能源和可再生能源，实现海上风电规模化、集约化、可持续开发，积极推动技术进步和产业链发展，以海上风电规模化开发带动风电装备及服务业发展"。其中，北海市正在重点推动国电电力发展股份有限公司、远景能源公司海上风电项目及风电配套产业落地北海。

第三节　海洋服务业

一、海洋科研教育管理服务业发展情况

近年来，广西先后建立北部湾大学、自然资源部第四海洋研究所、自然资源部第三海洋研究所北海基地、清华大学海洋技术研究中心北

部湾研究所、中国科学院烟台海岸带研究所北部湾生态环境与资源综合试验站等高校和科研机构，南宁师范大学北部湾环境演变与资源利用教育部重点实验室通过教育部验收、获批广西发展改革委智慧海洋牧场工程研究中心，海洋科研机构队伍不断壮大。海洋科技创新项目加快推进，截至 2019 年 6 月，作为广西区内唯一一家海洋专业产业园区的北海海洋产业科技园已与 20 多家企业签订合作框架，示范带动吸引了包括广西桂林市桂柳家禽有限责任公司、深圳华大海洋科技有限公司、北海燕航慧程科技有限公司等一批海洋产业上下游企业进驻，其中包含中国 500 强企业项目、高新技术企业项目与高端服务业项目，海洋科技成果转化力度不断加大。

海洋人才培养体系初步形成，广西大学、北部湾大学、桂林电子科技大学、广西民族大学、南宁师范大学均已设立涉海学院，广西中医药大学建有涉海学科；北部湾大学涉海专业的博士、硕士等高端人才位居北部湾首位，是全国唯一的中国–东盟海事培训基地、北部湾唯一的自治区级海洋重点实验室等科研平台，此外广西大学获批海洋科学本科专业、海洋生物资源与环境保护博士学科点，海洋人才培养能力不断增强。海洋科技产业园科研能力加快提升，初步搭建了海洋科技孵化、海洋人才培养等公共服务支撑平台，为广西全方面培养海洋科技人才、打造高素质海洋人才队伍夯实了基础、创造了条件。2019年，海洋科研教育管理服务业增加值 214 亿元，比上年增长 9.7%。

二、海洋金融产业发展情况

2019 年，广西通过搭建银企合作平台，与国开行、工行广西分行进行战略合作，支持北海市等北部湾城市市政基础设施、港口基础设施、海洋工业、商贸旅游建设等项目建设，为北部湾城市参与"一带一路"建设、发展向海经济提供全方位、深层次的金融服务。创新金融服务体系，在全国率先探索开展市场化配置海域使用权试点工作，为沿海其他省份开展市场化配置海域使用权提供了可借鉴、可复制、可推广的经验和做法。组织涉海企业参加海洋中小企业投融资路演暨项目推介活动，帮助涉海企业解决融资问题。大力发展涉海金融服务业，争取更多的信贷资金进入海洋经济领域。

其中，2019年，北海市注册落地金融企业129家，注册金额超100亿元，预计营业额达50亿元，缴纳税收额超5亿元；正在建设的红树林现代金融产业城，5年内将引进800家金融类企业，可为1.5万人提供就业岗位，创200亿元的产值、30亿元税收。

第四节　临海临港产业

一、石油化工产业

目前，广西北部湾港石化产业规模以上工业企业有北海炼化、新鑫能源、和源石化等，有北海市铁山港（临海）工业区石化产业园、防城港经济技术开发区化工园区、钦州石化产业园、钦州高端医药精细化工产业园等主要园区平台，其他配套服务项目已基本建成，石化产业链格局初步形成。

2019 年，广西北部湾港依托独特的区位优势，加快引进国内外石化巨头进驻，扩大炼油和化工板块业务，推动北部湾港向建设成为世界级绿色化工基地迈进。继续推进北海炼化结构调整改造项目、川化硫酸钾项目、三聚环保项目、中石油炼化一体化项目等；成功引进了总投资 700 多亿元的华谊钦州化工新材料一体化基地项目、中国石油百万吨级乙烯项目、总投资 450 亿元的恒逸钦州高端绿色化工化纤项目、总投资 510 亿元的桐昆钦州绿色石化一体化项目；1000 万吨/年芳烃一体化项目、2000 万吨炼化一体化项目、众诚能源化工合成新材料项目等一批重大项目投资意向强烈，正积极接洽当中。其中，铁山港(临海)工业区石化产业园规划面积 60 平方千米，2011 年以来建设项目陆续投入运行，目前石化产业以中石化北海炼化公司为龙头，集聚了中国石化广西液化天然气(LNG)、新鑫能源、和源石化、中航化、新奥天然气等一批上下游企业。

二、新材料产业

广西临港新材料产业主要集中在北海市和防城港市。

北海市新材料产业主要包括不锈钢新材料和高端玻璃两大板块。其中，不锈钢新材料主要以广西北部新材料有限公司(原北海诚德镍业有限公司)为龙头，目前北海诚德集团已具备年产 340 万吨镍铬合金板坯、300 万吨热轧板卷、300 万吨固溶板卷和 120 万吨冷轧板卷生产能力，生产规模在中国不锈钢行业中排行前三位，并成为国内第一家生产索氏体不锈钢宽幅板卷的企业。高端玻璃产业板块以信义、新福兴等企业为龙头，重点发展超薄玻璃技术、光伏玻璃、电子玻璃，其中信义玻璃项目建设如火如荼，目前信义玻璃项目已完成 10 万平方米车间主体建设；新福兴硅科技产业园项目落地合浦东港产业园，计划建设太阳能产业用超白玻璃生产线和特殊优质浮法玻璃、电子工业用超薄玻璃生产线以及其他硅产业；同时，还带动北海市玻璃新材料产业上下游环节集聚发展，已引进信合节能玻璃（广西）有限公司等 3 家上下游企业入驻铁山港。

防城港市重点推进以钢铜铝为代表的金属材料工业发展，有炼钢企业 4 家，炼铜企业 1 家，炼铝企业 1 家。目前，落户该市的龙头企业有广西盛隆冶金有限公司、广西钢铁集团有限公司、防城港津西型钢科技有限公司、广西金川有色金属有限公司、广西华昇新材料有限公司等。其中，金川 40 万吨铜冶炼项目于 2013 年 10 月建成投运，金源年产 10 万吨镍合金项目于 2013 年 12 月建成投运，盛隆产业升级技术改造项目于 2019 年 12 月建成投运。这些金属材料项目的建成投运，基本完成了防城港市金属材料龙头项目的布局。

三、林纸产业

广西临港林纸产业主要集中在北海市和钦州市。北海市林纸产业与木材加工产业主要集聚在北部湾（合浦）林产循环经济产业园和合浦林业加工区域、铁山东港产业园三区块联动发展，其中林产循环经济产业园签约了年产 100 万件家具生产项目等一批木材加工产业项目、年产 12 万立方米木材加工生产线项目；总投资 228 亿元的太阳纸业

350 万吨林浆纸一体化项目于 2019 年 10 月 16 日正式开工建设，项目全部建成投产后可实现年营业收入 180 亿元，利税 35 亿元，直接创造就业岗位约 3200 个，间接创造就业岗位 20 000 多个。钦州市在印度尼西亚金光集团的广西金桂浆纸业有限公司一期项目的基础上，2019 年 9 月 29 日新开工建设总投资约 113 亿元的金桂二期 180 万吨高档纸板扩建项目，将进一步延伸下游高端纸制品产业链，提高终端产品附加值，有力推动北部湾林木加工产业优化升级。

第四章 广西主要城市海洋经济发展情况

广西沿海城市有 3 座，分别是北海市、钦州市和防城港市，内陆向海城市主要是玉林市。

第一节 北海市

北海市是中国首批开放的 14 个沿海城市之一，也是古代"海上丝绸之路"的重要始发港。2017 年 4 月，习近平总书记视察广西及北海，先后到合浦汉代文化博物馆、铁山港公用码头、金海湾红树林实地考察，强调"要建设好北部湾港口，打造好向海经济"；写好海上丝绸之路新篇章，港口建设和港口经济很重要，一定要把北部湾港口建设好、管理好、运营好，以一流的设施、一流的技术、一流的管理、一流的服务，为广西发展、为"一带一路"建设、为扩大开放合作多作贡献；"保护珍稀植物是保护生态环境的重要内容，一定要尊重科学、落实责任，把红树林保护好"。三年多来，北海市牢记习近平总书记嘱托，坚持解放思想、改革创新、扩大开放、担当实干，奏响新时代向海发展的最强音。2019 年，北海市全力贯彻落实习近平总书记重要指示精神，坚持向海发展，带动全市经济保持快速增长，主要经济指标增幅位居全区前列。2019 年北海市海洋生产总值为 634 亿元，占广西海洋生产总值的比重为 38.1%。

一、精心谋划向海经济发展新格局

一是成立全市海洋产业树精准招商工作领导小组，统筹领导全产业树的招商工作，制定了《北海市海洋产业树精准招商工作方案》，积极推介北海市投资环境和政策优势。

二是加强顶层设计，组织开展《北海市海洋经济创新发展规划（2018-2030 年）》的编制；并向自治区上报了《北海市海洋经济发展示范区建设总体方案》。

三是会同自然资源部第四海洋研究所等有关单位圆满举办了 2019 年度中国-东盟海洋科技合作研讨会，协助做好 2019 年北海南珠节暨国际珍珠展。

二、打造向海经济现代产业体系

近年来，北海市致力打造向海经济现代产业体系，形成了以海洋渔业、滨海旅游业、港口贸易、航运物流为基础支撑，以电子信息、临港工业、海洋药物和生物制品业、海洋工程装备制造业、涉海金融服务业等新兴业态为重点补充的现代海洋经济体系。临港临海产业快速发展，电子信息、石油化工、临港新材料等优势产业定力不减，抗压性更强，呈现出喜人的发展态势，2019 年三大产业产值占全市工业总产值的 75% 以上。海洋传统产业支撑作用持续增强，2019 年海水养殖面积 35.5 万亩，水产品总产值 114 万吨，海洋渔业产量和产值居全区第一。滨海旅游业加快发展,2019 年接待国内旅游者超过 5200 万人次、增长 34%,国内旅游消费 695 亿元、增长 39%。海洋新兴产业成效初显,海洋医药和生物制品业呈现出链条式发展的良好势头。

三、重点推进向海经济项目建设

基础设施方面,全力推进北海铁山港进港铁路专用线建设,打通铁山港海铁联运"最后一公里",加快推进向海大道、西村港大桥、合湛高铁、30 万吨级航道、渔港升级改造等项目建设。海洋旅游方面,重点抓银基国际滨海旅游、银滩"6+N"、海丝首港、高德滨海文旅综合体等项目开工建设以及推进中信国安的红树林水乐园、希尔顿酒店、银滩皇冠假日酒店建设。临港产业方面,重点抓好信义玻璃项目建设试产,推进太阳纸业、新福兴硅科技产业园、铁山港化工新材料等项目开工建设。海洋渔业方面,重点抓好国际农商冷链项目、国家级海洋牧场示范区、现代渔港经济区等项目的推进建设。海洋生态方面,重点抓好蓝色海湾整治项目、冯家江滨海国家湿地公园治理项目、银滩中区岸线生态修复、广西廉州湾新城区海域综合整治二期——海堤街公园至半岛公园岸滩整治等项目。海洋示范项目方面,重点推进国家海洋经济创新发展示范市和国家海洋经济发展示范区创建工作。海洋科技人才方面,重点引进了自然资源部第四海洋研究所、自然资源部第三海洋研究所、清华大学等一批国内知名的涉海科研机构入驻北海。重要海洋活动方面,成功举办了 2019 年北海南珠节暨北海国际珍珠展、第六届中国-东南亚国家海洋合作论坛、海上丝绸之路(北海)

旅游产业发展投资大会等一系列重大活动。

四、推进海洋经济试点示范建设

广西通过积极申报国家试点示范项目建设，推动海洋生态文明建设、海洋经济创新发展和产业转型等，效果效益逐步凸显。海洋生态文明和海洋经济创新发展等示范项目有序推进，取得一系列成效。2017年，北海市成为第二批国家海洋经济创新发展示范城市，推动13个海洋经济创新发展示范工作项目建设。2018年，北海市成为国家支持的14个海洋经济发展示范区建设之一，海洋经济创新发展示范城市建设获得中央财政奖励资金共计1.55亿元，企业自筹资金7.48亿元，截至2019年累计完成投资9.03亿元用于支持海洋生物医药、海洋工程装备等13条创新协同产业链，参与企业主体达到69家，新增省级及以上高新技术企业5家，引进科研机构20家，培育高新企业5家；实现新增产值12.9亿元、新增利税6755.573万元，推动北海市形成了一批创新型海洋产业龙头企业、中小型企业和聚集区，初步建立集群化、高端化、创新型、质量效益型现代海洋产业体系，带动区域海洋经济提质增效、转型升级以及综合竞争力全面提升。2019年，北海市顺利通过了自然资源部和财政部对示范市建设的中期考核。

五、积极打造向海经济平台

北海市借习近平总书记视察的东风积极争取国家支持，获批了多个国家级政策平台，北海港口岸正式扩大开放，入选国家海洋经济创新发展示范市，北海综合保税区获准设立并通过验收，银滩南部海域入选国家海洋牧场示范区。自然资源部第四海洋研究所落户北海，成为广西设立的首个国家级海洋综合科研机构；北海海洋产业科技园获批为国家科技兴海产业示范基地，截至 2019 年 6 月，北海海洋产业科技园已与 20 多家企业签订合作框架，海洋科技成果转化力度不断加大。清华大学、自然资源部第三海洋研究所等国内知名的涉海科研机构入驻北海，广西一半以上的涉海科研机构和科研人员汇聚北海，成立了北海向海经济研究院，京东云（北海）向海智库研究院一期正式运行。积极推进龙港新区和桂台产业合作北海示范区建设。

第二节　钦州市

钦州是"一带一路"南向通道陆海节点城市，北部湾城市群的重要城市。2019 年，钦州市坚决贯彻落实习近平总书记视察广西时作出的"打造好向海经济"重要指示精神，抢抓西部陆海新通道、广西自由贸易试验区建设和北钦防一体化等重大机遇，把打造向海经济上升为钦州战略，以"一港两区"沿海经济为龙头，调整优化海洋产业结构，大力构建良好营商环境，推动向海经济迈出坚实步伐。2019 年，全市海洋经济生产总值初步核算突破 600 亿元，同比增长 6.38%。其中，海洋渔业 70 亿元、海洋船舶工业 1.1 亿元、海洋生物医药业 0.9 亿元、海水利用业 3.6 亿元、海洋交通运输业 85.23 亿元、海洋旅游业 275.2 亿元，其他海洋教育、科研、金融、信息服务等共计 111.5 亿元。沿海园区和港口经济呈现出振翅腾飞的态势，2019 年保税港区投入建设资金 190 多亿元，400 多家中外企业落户，园区贸易产值达 1279.39 亿元；中马钦州产业园区总投资 1164 亿元，注册企业 320 家，引进项目 139 个。钦州港加快北部湾国际门户港建设，全年港口吞吐量、集装箱吞吐量分别达到 1.19 亿吨、301.61 万标准箱，圆梦亿吨大港。钦州海洋各产业齐头并进，向海经济聚集发展的新格局已逐步显现。

一、推进大通道大港口建设

2019 年 8 月，国务院批复实施《西部陆海新通道总体规划》，明确在钦州港布局北部湾港唯一的 30 万吨级油码头。同时，钦州港获列为国际门户港，定位为陆海新通道海铁联运集装箱物流枢纽，明确到 2025 年，北部湾港（钦州港）集装箱吞吐量达到 1000 万标准箱。2019 年，钦州铁路集装箱中心建成运营，成为全国第 12 个集装箱中心站，钦州港东航道扩建一期工程（10 万吨级集装箱双向航道）、钦州保税港区东卡口竣工投入使用，打通海铁联运"最后一公里"，钦州成为全国唯一拥有铁路集装箱中心站的非省会非计划单列城市。西部陆海新通道海铁联运班列运行保持快速增长，2019 年累计开行 2243 列、发运集装箱总量达 11.22 万标准箱，分别同比增长 94.4%、94%。钦州港 2019 年新增内外贸集装箱航线各 3 条，开通至南美东部集装箱远洋航线，开通集装箱航线 47 条，通达 71 个国家、155 个港口。全球排名前 20 名的船舶公司已有 11 家进驻，航线网络覆盖我国沿海和东盟国家主要港口。2019 年集装箱吞吐量首次突破 300 万标准箱，达到 302 万标准箱，同比增长 33.5%，增速全国第一。钦州港的港口吞吐量、集装箱吞吐量均位列广西沿海港口首位，集装箱吞吐量位列全国沿海港口的第 15 位。

二、聚焦重点向海平台建设

完成了中国（广西）自由贸易试验区钦州港片区、中马钦州产业园区、钦州保税港区和钦州港经济技术开发区 4 个园区的整合，建立了"五块牌子、一套人马"的组织架构。2019 年中马"两国双园"被列为"一带一路"国际合作高峰论坛圆桌峰会联合公报的重点项目。获批设立中国（广西）自由贸易试验区钦州港片区，获列入跨境电商零售进口试点区域，获批广西唯一的活牛进口口岸；钦州港片区试点任务居广西自由贸易实验区 3 个片区之首，累计新设企业超过 2400 家，华能海上风电、普洛斯物流和宝能物流等 23 个重大项目签约，投资总额 315 亿元。钦州保税港区成为广西保税物流体系和国际贸易的核心节点。钦州港经济技术开发区产能超过千亿元、税收超过百亿元，成为全区临港工业龙头示范区。

三、重点推进临海工业发展

2019 年，临海临港产业强势崛起，上海华谊集团投资 700 多亿元建设化工新材料一体化基地，浙江恒逸集团投资 450 亿元建设高端绿色化纤一体化基地，浙江桐昆集团投资 510 亿元建设绿色石化基地，并带动荷兰孚宝、法国苏伊士、美国普莱克斯等全球顶尖公用工程配套商落户，美国亨斯迈、德国科思创、日本三菱瓦斯等国际化工巨头纷纷前来洽谈绿色高端化工新材料产业合作。目前，钦州已搭建了临港产业高质量发展的"四梁八柱"，初步构建全国独有的"油、煤、气、盐"齐头并进的多元化石化产业体系，成为广西乃至西南地区最大的石化基地。另外，钦州以高端海洋装备制造业、新兴海洋产业、海洋旅游业为代表的海洋产业也在快速发展。

四、积极发展特色滨海旅游

钦州是古代"海上丝绸之路"发源地和始发港之一，独具"岛、林、湖、滩"特色，拥有古代"中国丝绸之路"商埠、中华白海豚、渔村、乌雷古炮台、伏波庙、龙门军港、将军楼等海洋文化景观，茅尾海是全国第一批 7 个国家级海洋公园之一，国家 4A 级景区三娘湾、3A 级景区龙门群岛、3A 级景区钦州湾滨海公园、麻蓝岛、月亮湾、沙督岛、红树林等具有浓郁的海洋特色。近年来，钦州重点规划开发了三娘湾国际滨海休闲度假旅游片区和茅尾海国际海上运动休闲度假旅游片区的景区景点，成功举办了世界沙滩排球赛巡回赛——钦州公开赛、亚洲水上摩托艇公开赛、全国风筝精英赛总决赛暨首届中国-东盟风筝邀请赛和北部湾(钦州)迷笛音乐节、蚝情节和三娘湾开海节等活动。2019 年，全市滨海旅游业收入约 130 亿元。

第三节　防城港市

防城港市地处广西北部湾之滨，是中国唯一与东盟海陆河相连的门户城市，也是我国两个既沿海又沿边的城市之一。2019年，防城港市依托独特的区位、政策、资源优势，贯彻落实习近平总书记关于"打造好向海经济"的重要指示精神和视察广西时的重要讲话精神，牢牢把握新时代海洋工作新要求，以服务全市"向海经济"发展为主线，以建设海洋生态文明为抓手，海洋经济实现持续快速发展。2019年，防城港市海洋生产总值的406亿元，占广西海洋生产总值的比重为24.4%，占防城港市地区生产总值的57.9%，海洋渔业、滨海旅游业、海洋交通运输业、临港工业四大行业占防城港市海洋产业增加值的90%以上。

一、优化海洋综合开发总体格局

一是推动《防城港市海岸带保护条例》出台。为了缓解防城港市海岸带保护与开发的矛盾，部署制定了《防城港市海岸带保护条例》，统筹规划、保护和利用管理防城港市海岸带，并于2019年11月29日获广西壮族自治区第十三届人民代表大会常务委员会第十二次会议批准，于2020年3月1日起正式施行。该条例是全区第一部海岸带保护方面的条例，出台后填补了防城港市海岸带保护立法的空白，进一步明确了防城港市各级政府和有关职能部门的责任，对于促进经济社会可持续发展，推动海洋生态环境持续改善，具有十分重大和深远的意义。

二是出台《防城港市养殖水域滩涂规划(2018—2030年)》。2019年6月，防城港市出台了《防城港市养殖水域滩涂规划(2018—2030年)》，进一步规范养殖用海秩序，在规划中把江山半岛南部海域划为深水抗风浪网箱养殖区域，通过合理和适度利用海域的养殖容量和环境容量,从而达到可持续利用的目的。2019 年,防城港市共完成 14 宗养殖用海海域使用权出让工作,出让海域面积 742 公顷,并积极引进中海、莞创、海牧、耕海等深水网箱养殖龙头企业,在这些龙头企业的带动下,如今越来越多的养殖户从海湾内养殖走向深海养殖。

二、推进临港大工业高质量发展

防城港市坚持"强龙头、补链条、聚集群"理念,大力实施工业高质量发展三年行动计划,加快培育现代临港工业集群,目前工业经济已基本形成钢铁、有色、食品、化工、能源、装备制造 6 大支柱产业。防城港钢铁基地 1 号高炉建成点火、长材系统正式投产,盛隆技改项目建成投产,柳钢多元产业园、盛隆冷轧、高强耐磨钢、智慧料场等项目加快建设,国电标准件智能制造、榕鼎镀锌钢制造等一批总投资 200 多亿元的配套项目落地开工。从广东组团式引进 48 家企业建设了投资超 100 亿元的五金铜卫浴产业园。生态铝工业基地加快建设,氧化铝项目投料试产。金川电线电缆、川金诺、镍镁新材料等一批企业集聚发展,产业林初具规模。中储能高纯钒钛技术取得重大突破,助力金属材料工业正迈向中高端。以大海粮油、澳加粮油、惠禹粮油等企业为龙头,引进下游精深加工和循环利用企业,粮油"二次创业"成效显著。核电二期加快建设,三期前期工作加快推进,光伏发电、海上风能、生物质能等新能源及可再生能源项目加快开发建设。2019 年,全市 6 大支柱产业总产值占全市规模以上工业总产值的 92.3%。

三、着力融入西部陆海新通道建设

防城港市港口条件优势独特，坐拥西部第一大港，是我国大西南连接东盟最便捷的出海口，已建成泊位 128 个，其中生产性泊位 123 个，万吨级以上泊位 41 个，有 20 万吨级泊位 3 个，30 万吨级码头及航道正在推进，是我国最大的硫黄中转、磷酸出口港以及铁矿石、煤炭、化肥等重要战略物资的中转基地，是中国南方能源和原材料的转运中心。与世界 100 多个国家和地区、250 多个港口通商通航，年港口吞吐量从 2012 年起超亿吨，占广西港口吞吐量的一半以上。国家《西部陆海新通道总体规划》明确防城港重点发展大宗散货和冷链集装箱运输。2019 年，全市港口完成吞吐量 10 141 万吨，同比增长 13.4%；集装箱吞吐量完成 42.1 万标准箱，同比增长 34.9%。

四、积极拓宽海洋科技和对外合作

一是成功筹办海洋经济与文化旅游发展论坛。2019 年 8 月 15 日牵头顺利召开 2019 中国（北部湾）海洋经济与文化旅游发展论坛，论坛围绕"如何打造与建设国际医学开放试验区""海洋文化旅游创新发展""深化东盟国家合作发展现代海洋渔业产业""金花茶产业绿色发展"等议题进行主旨演讲，并结合"金花茶产业绿色发展""边境旅游与健康产业发展"等重点内容展开分论坛，进行靶向定位、深入研讨，旨在深入挖掘海洋文化基因，以特色文化点亮边海旅游品牌，并结合国际医学开放试验区、边境旅游试验区建设，串联医疗康养、休闲观光等多种业态结构，对接市场扩展延伸海洋产业链，持续推进北部湾海洋经济的纵深性、创新性和可持续性发展。论坛进一步宣传防城港市良好的投资环境，促进了与周边国家、地区的交流与合作，并为防城港市招商引资带来了目标和商机。

二是推进合作共建北部湾海洋产业研究院。积极与广西科学院进行沟通和研究，促进双方合作共识，并议定合作共建协议书，并于11月19日正式签订合作共建协议，北部湾海洋产业研究院正式揭牌，为防城港市海洋科技创新能力提升注入强劲动力。

第四节　玉林市

玉林市位于广西东南，毗邻广东湛江，是北部湾经济区、粤港澳大湾区连接的重要通道，与沿海城市北海交错相连，距离海边仅13千米。玉林市近海不沿海，但向海发展的脚步从未停歇。2019，玉林市坚决认真贯彻落实习近平总书记视察广西时作出的"打造好向海经济"重要指示精神，按照《中共广西壮族自治区委员会 广西壮族自治区人民政府关于加快发展向海经济推动海洋强区建设实施意见》（桂发〔2019〕38号）的文件精神，充分利用近海优势，主动融入国家"一带一路"建设、粤港澳大湾区和西部陆海新通道建设，以龙港新区龙潭产业园作为战略支点和桥头堡，大力发展向海经济，加快推动玉林由内陆城市向临海城市转变、由内陆开放型向临海开放型转变、由腹地经济向临海经济转变，促进了玉林经济社会持续平稳健康发展。2019年，玉林市龙潭产业园区实现生产总值87.7亿元，共有向海经济企业36家，其中规模以上企业有5家，年产值10亿元以上的企业有3家，吸纳就业人员约1万人。

一、树立"南向"向海发展导向

习近平总书记作出"打造好向海经济"的重要指示后，玉林市进一步强化向海发展意识，先后印发《〈关于深入学习贯彻习近平总书记视察广西重要讲话精神的实施办法〉的通知》（玉发〔2017〕16号）、《中共玉林市委办公室 玉林市人民政府办公室关于印发〈落实自治区党委书记鹿心社在玉林调研期间讲话精神任务分解表〉的通知》（办发〔2019〕81号）等向海涉海的政策文件，树立了向海发展的鲜明导向。自治区批复同意成立龙港新区，龙潭产业园成为"一区两园"的一园；批复同意设立龙港新区玉港合作园，园区位于北海市铁山东港产业园内，属于玉林市的"飞地园区"，由玉林市主导开发建设、招商引资和运营管理。在龙潭产业园北边规划建设白平产业园，布局发展新能源等临海产业，这三项重大举措加快了玉林向海发展的步伐。

二、不断夯实向海发展的交通支撑

2019年，玉林市积极参与"一带一路"建设和西部陆海新通道建设，打造玉林出海新通道，不断夯实向海发展的交通支撑。"建高铁、修机场、造码头"三件大事有了突破性进展。铁山港东岸 10 万吨级码头泊位、玉林福绵机场、玉林至湛江高速公路（广西段）、松铁高速公路、南珠高速（广西段）等项目建设加速推进，张家界—桂林—玉林—海口高铁、梧州—玉林—北海城际铁路、沙河—铁山港东岸铁路支线等项目前期工作顺利开展。通过这些重大交通项目的建设，有效构建了玉林与北部湾经济区和粤港澳大湾区的 2 小时通勤圈，夯实了玉林发展向海经济的交通支撑。

三、促进陆海产业联动融合发展

玉林市准确把握向海发展产业新动向，精准承接粤港澳大湾区的产业转移，提出重点打造机械制造、新材料、大健康、服装皮革四大千亿元产业。当前，广西先进装备制造城（玉林）加快建设，长源东谷、埃贝赫等项目竣工投产，玉柴"二次创业"深入推进，发动机销量稳居行业榜首。新材料产业快速发展，总投资 1300 亿元的 70 万吨锂电新能源材料一体化产业基地、总投资 300 亿元的柳钢中金 500 万吨不锈钢基地项目、总投资 150 亿元的正威广西玉林新材料产业城等重大项目落户发展。玉林中医药健康产业园建设步伐加快，康臣玉药、柳州医药等项目持续推进，大参林现代中药饮片等项目实现投产。玉林（福绵）节能环保产业园入园企业 178 家，投产 124 家；玉林（福绵）生态纺织服装产业园入园企业 68 家，开工建设 7 家。加快"双百双新"项目建设，金属新材料、新能源材料、金特安特种轮胎、粤桂北部湾仿制药产业园、1000万吨精品优特钢材新材料产业园、北流"两湾"产业融合示范园区、玉林（福绵）表面处理产业园二期等一批重大园区项目建设进展顺利。产业的大发展，壮大了玉林向海发展的腹地经济，为北部湾门户港提供强大的进出货物运量支撑，实现了陆海产业良性互动。

四、夯实向海经济发展新平台

龙潭产业园是玉林市打造向海经济的重要平台、桥头堡和战略支点。按照"强龙头、补链条、聚集群"的思路，玉林市以龙潭产业园为集聚区，发展不锈钢全产业链、铜及铜精深加工、锂电新材料三大产业基地，力争建成北部湾经济区最大的有色金属加工冶炼基地、锂电新材料基地和广西重要的精品钢铁生产基地，全力打造千亿元新材料产业。加快临港产业项目建设，稳步推进正威铜精深加工产业基地、柳钢中金不锈钢冷轧项目和高端不锈钢制品产业基地项目建设。2019年，园区实现规模以上工业总产值87.3亿元。

五、创新向海发展新合作模式

玉林地理位置临海不沿海，临港近在咫尺，却没有便捷高效的出海口，外贸进出口需绕道北海铁山港西岸码头或广东湛江港，物流成本高，成为制约玉林发展临海产业的短板。为此，在自治区龙港新区推进工作领导小组的领导下，推动建立两市、两办、两园联席会议制度，形成常态化联动协调机制，有效破解了行政区划束缚影响项目建设的难题。针对龙港新区"一港一路一航道"建设推进缓慢的问题，创新与北港集团合作模式，2018 年 5 月，与北港集团洽谈磋商，授权玉林市主导推进码头泊位工程、进港支航道、龙腾路二期工程建设，这种合作建设模式在广西尚属首次，解决了玉林市出海通道建设难题。

第五章　广西海洋经济发展典型案例

第一节　自然资源部第四海洋研究所
助力海洋科技创新发展

自然资源部第四海洋研究所（以下简称"海洋四所"）是在广西设立的首个整建制的国家级海洋科研机构，是国家和自治区解决北部湾生态环境保护和向海经济发展中科技支撑能力不足问题的重大举措。自2017年落户广西以来，海洋四所坚持使命引领、问题导向、效果评估的工作原则，"边建设、边科研、边服务"，统筹推进基本建设、人才队伍建设、科技创新和国际合作等各方面工作，在科技支撑引领向海经济发展方面取得了一定的成效。

海洋四所积极谋划重大科研项目，在规划和资源评估方面，开展了北部湾自然资源调查与评估、广西海洋经济发展"十四五"规划、广西海洋经济运行监测与评估、广西智慧海洋工程、北部湾海洋经济评估、海域资源卫星遥感监测应用示范等工作。在科技支撑产业发展方面，开展了南珠振兴关键技术研究；在生态环境保护修复方面，开展了北海市"蓝色海湾"综合整治行动、北海市海岸带保护修复工程、钦州湾围填海工程对海洋环境容量的累积影响研究、北海市互花米草分布状况调查及防控、北部湾红树林防灾减灾效应评估——以金海湾红树林为例、蓝碳试点、珊瑚礁生态修复等工作。

当前，海洋四所紧紧围绕三重使命、两大中心任务和"1+2+N"①的科技工作部署，努力创建科技人才培养基地、构筑科技创新平台、建设海洋生态文明实践示范区、担当传播海洋生态文明的国际使者，为海洋科技助力广西向海经济高质量发展做出应有的贡献。

第二节 创新龙港新区玉港合作园飞地园区建设

玉港合作园是顺应时代和区域经济发展规律而开辟的，2017 年 4 月，习近平总书记视察广西时提出要"要建设好北部湾港口，打造好向海经济"。为落实习总书记的要求，自治区人民政府于 2017 年 12 月 26 日正式批复设立龙港新区玉港合作园。该园采用"飞地"合作模式，选址在龙港新区北海铁山东港产业园内，北海市在龙港新区北海铁山东港产业园内首期先划出约 5 平方千米的土地作为龙港新区玉港合作园，由北海市负责合作园内的征地拆迁，按"净地"交给玉林整体开发和管理，合作园内征地拆迁安置资金、园内基础设施建设、招商引资、安全生产、环境保护等开发建设及社会管理工作由玉林市统一负责。

---

① "1"是开展以海洋生态系统动力学为核心的科学研究；"2"是开展以海洋生态环境监测与预测技术，海洋大数据和区块链及其智慧应用为重点的技术攻关；"N"是开展以海岸带综合治理，海洋自然资源开发利用与保护修复，海洋灾害监测预警与防灾减灾，海洋经济发展规划等为突破口的若干项应用服务。

其中，玉港合作园规划用地5平方千米（现土地规划内面积1938亩、土地规划外面积5772亩），主要布局临港经济产业项目，致力于建成"产港城"一体化的现代化宜业、宜居、宜游的滨海新城。下一步，按照龙港新区"港、产、城"一体化发展总体目标，加快推进龙港新区"一区两园"和"一港一路一航道"建设，着力构建陆海贸易新平台和南向出海新通道，进一步加快玉林市融入北部湾经济区、中国-东盟自由贸易区和粤港澳大湾区的步伐。

第三节　打造防城港边境旅游试验区新亮点

广西防城港边境旅游试验区位于广西防城港市，由国务院于2018年4月同意设立，旨在通过强化政策集成和制度创新，推进沿边重点地区全域旅游发展，打造边境旅游目的地，对全国旅游业的改革创新发挥先行示范作用。

自边境旅游试验区设立以来，防城港积极探索全域旅游发展新路径，坚持点线面结合、海边山联动，促进旅游产业全区域、全要素、全产业链发展。以"旅游+文化""旅游+农业""旅游+康养""旅游+金融""旅游+城镇"，创建边境旅游合作新模式。同时，防城港市扎实推进边境旅游开放合作，联合开通了桂林—防城港（东兴）—芒街—下龙国际黄金旅游线路，打造成国家级边关风情游；联合打造跨境旅游主要产品，推进中越友谊广场、海鲜城项目、白浪滩景区与茶古景区合作等跨国旅游合作项目；联合开展中越旅游联合宣传营销，先后在广州、深圳、厦门、黑河、满洲里等地联合开展中越边境旅游目的地宣传推介，加强旅游市场合作；联合开展跨境旅游演艺交流，进行《百鸟衣》、《秘境·东南亚》、京族独弦琴等中越特色演艺交流，并取得明显的效果。

其中，防城港成功入选广西境外旅客购物离境退税政策首批试点城市，边境旅游试验区工作获得国家文旅部、财政部、发展改革委等部委调研组充分肯定，县级市——东兴市获评首届广西旅游创新发展十强县。

第四节　创新推进"两权合一"联合出让试点

为进一步加强海域海砂开采秩序和行业管理，钦州市以钦州市三墩海域 B 区为试点，从精简优化用海审批环节入手，会同自然资源局在全国首次进行海砂采矿权和海域使用权"两权合一"联合出让试点，审批时间压缩 50% 以上，破解了"两权"因可能出现不同主体而导致实际难以出让的难题，极大推进了项目建设，推动钦州率先在广西实现海砂供港，成为自贸区钦州港片区第一批先试先行的机制创新亮点。2019 年 3 月，防城港中港建设工程有限责任公司通过招拍挂方式获得广西钦州湾外湾 B 区海砂开采海砂采矿权和海域使用权。2019 年 9 月，钦州市在广西率先向香港机场扩建工程提供第一批钦州海砂，截至 2019 年 12 月，累计提供海砂 50 多吨，为香港机场建设做出了积极贡献。

钦州市作为海砂采矿权和海域使用权"两权合一"联合出让唯一试点城市并试点成功,得到自治区自然资源厅、自治区海洋局特别是自然资源部的高度肯定,成为广西海域资源管理使用一项行业标准,对进一步加强广西乃至全国海域海砂开采秩序和行业管理具有积极的作用和意义。

第五节　毛里塔尼亚远洋渔业园项目建设

毛里塔尼亚远洋渔业园项目由广西荣冠渔业捕捞有限公司(祥和顺)在毛里塔尼亚努瓦迪布投资建设。

毛里塔尼亚远洋渔业园项目集养殖、捕捞、加工、商贸、物流等多产业为一体,是广西最大的远洋渔业综合开发项目。项目建设分二期,总投资22亿元人民币。2017年4月,毛里塔尼亚总统阿齐兹签发对园区项目的支持函,园区项目已经成为中毛渔业合作的重点示范项目。截至2018年,该项目境外累计投资6.5亿元人民币,建成了14艘远洋渔船的捕捞船队和具备公共服务能力万吨级自营渔港,带动国内、区内8家企业入园设厂(广西籍3家),捕捞能力达10万吨/年,水产品总加工能力达20万吨/年。2019年1月,毛里塔尼亚远洋渔业综合加工示范园区通过广西壮族自治区级"境外经贸合作园区"确认考核,这是广西首批两个通过确认考核的园区之一。

毛里塔尼亚远洋渔业园项目的建设,创建了广西史上规模最大、装备最先进的远洋捕捞船队，建设的大型海外渔业加工基地填补了广西相关产业的空白，提升了广西远洋渔业的发展水平。

第六节　北海市冯家江流域生态修复

冯家江贯穿北海市区，北连通马栏河，向南汇入北部湾，中下游分布有大面积的红树林，承载着水质保障、生物迁徙通廊的重要生态功能。由于历史原因，该流域有 2000 亩虾塘、363 个雨污直排口、24 个养殖场，围塘养殖、污水直排以及养殖废水，直接造成冯家江水环境恶化，严重威胁下游红树林的生存环境。冯家江生态修复已迫在眉睫。

2016 年，北海滨海国家湿地公园正式验收，冯家江流域纳入湿地公园范围；2017 年，北海市提出"生态立市"并明确行动方案。2018 年 12 月，北海市冯家江流域水环境治理项目开工建设，采用 PPP（公私合营）模式，总投资约 23 亿元，通过控源截污——清退非法虾塘，改造成生态湿地塘，铺设截污管线，布置调蓄池，再将污水送至处理厂净化，深度清洁后循环利用；内源整治，清理江底淤泥，修复河道，生态护岸。2019 年，北海市成功申报了国家"蓝色海湾"整治行动项目，北海滨海国家湿地公园（冯家江流域）生态修复上升为整治行动的一部分，成为子项目之一。

通过截污清淤、红树林保育和生态恢复工程，目前冯家江的自然生态环境已逐步恢复，彻底消除了沿线污染源，水质达到准四类或更高标准，还原了水清岸绿、鱼翔浅底、乡村原生树木的自然景象，而且也拓宽了旅游产业链，带动了周边区域价值和经济活力，成为游客游憩的场所。

第七节　东兴京岛海洋渔业（核心）示范区创建

东兴市位于我国大陆海岸线最西南端，是中国与东盟唯一海陆相连的口岸城市，是我国人口较少的民族——京族的唯一聚居地。东兴市水域生态环境优美，广阔的浅海滩涂是北部湾水产动物绝佳的繁衍地和栖息地。2018年，东兴市开展国家级渔业健康养殖示范县创建活动，并成立了以市委、市政府主要领导为组长的国家级渔业健康养殖示范县创建工作领导小组。

东兴市依托特色海洋渔业，成功地将京岛海洋渔业（核心）示范区创建为自治区四星级现代化特色农业（核心）示范区。目前示范区池塘养殖面积4.2万亩，占全市养殖面积的69.4%，辐射带动周边水产养殖面积6.05万亩；建立工厂化养殖面积达3万平方米，深海网箱养殖达4900立方米，培育国家级农业产业化龙头企业1家，自治区级农业产业化龙头企业5家，已形成了渔业育苗、饲料产销、养殖、加工、交易、冷链物流的完整产业链和成熟运营模式，海产品加工转化率达90%，第二产业和第一产业的比值达4.1∶1。探索形成的"示范区+企业+合作社+养殖户"订单式渔业健康养殖发展模式，带动边民实施代种代养，惠及边民6万多人，助推了渔业健康养殖与脱贫攻坚、乡村振兴和兴边富民有机结合。"京岛大虾"、"东兴石斑"、"德鲜生"巴沙鱼等标志性海洋渔业产品远销国内外。策划举办的开海节、中国农民丰收节等节庆活动在央视、广西新闻、广西日报等国家级、自治区级媒体上直播。2019年，示范区养殖产量8.79万吨、产值15.23亿元，示范区渔业经济总产值46.5亿元。

第八节　柳钢防城港基地项目建设

防城港柳钢钢铁基地项目是经国务院同意国家发展改革委核准的项目，是推动广西钢铁产业布局调整和转型发展的重大项目，产品主要面向两广、海南、云贵川渝以及东南亚等市场，满足两广及周边地区、东盟国家在建筑、机械、造船、能源等行业的用钢需求。从国家层面来看，这是国家重要的战略布局，是整个钢铁工业结构调整的项目；从广西层面来看，这个项目是承担着广西冶金产业结构调整的重大项目，在广西冶金产业"一核三带九基地"总体布局中给予了"核心"定位来进一步强化；从柳钢层面来看，这个项目是推进柳钢沿海战略实施，打造"一体两翼"钢铁版图的重要组成部分，也是柳钢打造百年基业的关键项目。

其中，项目总投资360亿元，建设集原料系统、烧结球团系统、焦化系统、炼铁系统、炼钢系统和轧钢系统以及配套石灰系统、煤气系统、发电系统、公辅设施系统和其他综合利用系统的全流程钢铁生产基地，形成年产1000万吨粗钢的生产能力。新时代背景下，广西柳州钢铁集团防城港钢铁基地是广西内陆城市与沿海城市联动发展，立足"海"的特色和优势，大力发展临海临港工业、海产品加工业、海洋旅游业等产业的典型案例，也是释放"海"的潜力、不断壮大向海经济的重要举措。

第六章 广西海洋经济发展建议

第一节 构建海洋经济现代产业体系

一是立足海洋资源优势，着力加强海洋资源综合开发。以海洋资源综合调查与勘探为手段，海洋资源开发利用企业和科研院所为主体，海洋科技创新为驱动力，立足广西海洋资源优势，通过政府扶持引导，着力加强海洋资源综合开发和利用水平，稳步推进资源的产业化和市场化。

二是聚焦特色发展，加快海洋传统产业提质增效，发展壮大现代海洋渔业、海洋交通运输、临海(临港)化工、海洋旅游产业，推动打造临海(临港)产业集群。

三是以高新科技创新为引领，培育壮大海洋装备制造、海洋生物医药、海洋能源、海洋节能环保等海洋新兴产业。

四是瞄准高品质高端化，大力发展涉海金融、港口物流、海洋信息服务、海洋会展、海洋体育等沿海现代服务业。

第二节 制定落实向海科技创新驱动战略

加快制定海洋产业高端人才引进优惠政策，加快人才培养和引进力度，努力把广西建设成为海洋高端人才聚集地和高素质海洋人力资源富集区。实施重大科技创新工程，突破一批制约产业发展的重大关键技术，对引领海洋产业发展的重大研发项目给予重点支持。畅通科技成果转化渠道，全面落实促进科技成果转移转化的实施意见等法规及配套政策。强化重大创新平台支撑，建设国内一流的国家海洋重大科技基础设施集群。集中力量支持北部湾大学建设，支持广西大学等高等院校办好海洋学院。

第三节　扎实推进西部陆海新通道建设

广西发展的潜力在开放，后劲也在开放，要借助西部陆海新通道的建设，要按照高质量发展要求，紧紧围绕建设西部战略通道、陆海联动通道、陆海贸易通道、综合运输通道的定位以及全区新产业发展的战略支撑和新的增长极，按照"畅通大通道、建设大枢纽、形成大集散、发展大贸易、做强大产业"的思路，以打造高品质西部陆海新通道国际门户港和国家物流枢纽为重点，以拓展现代化供应链、产业链、价值链为牵引，充分利用互联网、大数据等现代信息、金融技术手段，补齐基础设施短板，提高物流质量效益，深化对外开放交流，搭建联动合作平台，促进交通、物流、商贸、产业等深度融合，全面提升北部湾国际门户港的集聚辐射效能，进一步培育新路网、新路线、新物流，带动新市场、新动能、新贸易，加快探寻现代化通道经济与枢纽经济联动发展新范式，实质性提升北部湾首位度和经济首位度，更好地引领区域协调发展，更好地服务国家战略大局。

第四节　构建陆海一体生态保护利用新格局

强化资源节约集约利用，提高海域空间资源的使用效能，控制近岸海域开发强度和规模，逐步建立近岸海域资源利用的差别化管理制度体系。加强深远海适度开发力度，实施生态系统修复工程，推进"蓝色海湾"工程、海岛和海岸线生态修复项目建设，加强对红树林、珊瑚礁、滨海湿地的保护。推动受损岸线、海湾、河口、海岛和典型海洋生态系统等重点区域结构和功能的修复，开展珍稀濒危海洋生物、渔业资源的保护修复工作，构建"壮美"海洋景观。

第五节　实施海洋科技创新发展试点示范

以创新驱动发展为核心战略，加大政策支持力度，重点推进北海海洋经济发展示范区建设，树立典型标杆，提炼形成可复制可推广的成果。支持海洋经济创新产业孵化器建设，支持钦州市、防城港市建设向海经济创新发展试点，不断强化示范的带动作用，加快建立开放、协同、高效的海洋科技创新体系，增强海洋科技成果转化和海洋产业创新服务能力，提升广西海洋经济创新力。

第六节　双向拓展海洋经济发展的战略空间

突出国土空间规划的引领作用，统筹协调用海秩序，合理布局海洋产业，探索建立向海经济绿色产业发展体系，着力提升海域、海岸线使用的效率和效益。培育建设海洋科技创新产业园、北部湾蓝色硅谷、向海产业孵化基地，促进陆海产业融合发展。探索建立"一带一路"向海经济北部湾先行区。提升西江－珠江水道通航能力和航运管理水平，连接西江－珠江水系与北部湾港，形成通江达海、江海联动的向海发展格局。以广西内陆城市为组团，联动北钦防，打造东融合作发展示范区。建设防城港市、崇左市和百色市的沿边开放平台，畅通向海通道，打造充满活力、富有特色的沿边开放新高地。整合港口资源，拓展港口综合功能，促进广西陆域资源要素加速向海汇集。强化广西内陆与沿海地区合作，推动内陆地区在北部湾沿海建立"飞地园区"，促进内陆城市框架向海延伸，形成陆海互动新格局。

第七节　建立促进产业发展的多元化投入机制

自治区层面通过完善跨境金融基础设施和合作交流机制，引入涉海金融服务市场主体，健全涉海金融中介服务体系，推进涉海信贷产品创新，培育区域性的涉海融资、交易、结算和保险中心，打造畅通、便捷、高效的金融合作大通道。用好用活金融开放门户各项政策，出台支持海洋产业发展的政策措施，开展开发性金融促进海洋经济发展试点，鼓励投资者按市场化方式发起设立海洋经济产业投资基金、海洋新兴产业科创基金，鼓励金融机构开发涉海金融信贷产品，拓宽涉海企业投融资渠道。

第八节　强化海洋经济运行监测与评估

完善海洋经济运行监测体系，建立健全广西向海经济运行监测与评估机制，搭建部门间数据共享机制，推动海洋大数据平台建设。开展海洋产业数据定期抽样调查和海洋经济市级核算工作，不断健全向海经济管理运行体系。加快进度，尽快完成向海经济核算体系建设。及时发布运行情况，定期向公众发布海洋发展报告、向海经济指数报告和蓝皮书。

附　录

附录1　中共广西壮族自治区委员会 广西壮族自治区人民政府 关于加快发展向海经济推动 海洋强区建设的意见

桂发〔2019〕38号

（2019年12月19日）

为深入贯彻党中央、国务院关于加快建设海洋强国的重大决策部署，加快发展向海经济，全力推动海洋强区建设，结合我区实际，提出如下意见。

一、总体要求

（一）指导思想

以习近平新时代中国特色社会主义思想为指导，全面贯彻党的十九大和十九届二中、三中、四中全会精神，深入贯彻落实习近平总书记对广西工作的重要指示精神，贯彻落实自治区党委十一届六次全会精神，坚持新发展理念，牢牢抓住中国（广西）自由贸易试验区（以下简称自贸试验区）、西部陆海新通道和粤港澳大湾区建设重大机遇，立足海洋资源优势，坚定不移走高质量发展之路，拓展蓝色发展空间，构建现代海洋产业体系，推动陆海经济协同发展，推进陆海统筹，大力营造绿色可持续的海洋生态环境，加快推进海洋强区建设，为建设壮美广西、共圆复兴梦想贡献力量。

（二）主要发展目标

——到 2022 年，向海经济活力明显增强，现代海洋产业体系初步形成。海洋经济对全区经济增长贡献率达到 10%；以海洋经济、沿海经济带经济、通道经济（向海）为主体的向海经济总产值达到 4600 亿元，占全区地区生产总值（GDP）比重达到 20%。海洋生态文明建设取得明显成效。

——到 2025 年，向海经济实现跨越发展，向海经济空间布局趋于合理，海洋产业体系支撑带动作用突出。海洋经济对全区经济增长贡献率达到 15%；以海洋经济、沿海经济带经济、通道经济（向海）为主体的向海经济总产值达到 7000 亿元，占全区地区生产总值（GDP）比重达到 25%。海洋生态文明建设保持先进水平。

——到 2035 年，基本建成向海经济发达、陆海协同一体化、科技创新水平显著提高、海洋生态优良、文化先进、治理高效的海洋强区。以海洋经济、沿海经济带经济、通道经济（向海）为主体的向海经济总产值达到 13 000 亿元以上，占全区地区生产总值（GDP）比重达到 35%以上。

二、积极拓展向海经济发展空间

（三）优化海洋发展空间布局

突出国土空间规划的引领作用，统筹协调用海秩序，合理布局海洋产业，探索建立向海经济绿色产业发展体系，着力提升海域、海岸线使用的效率和效益。培育建设海洋科技创新产业园、北部湾蓝色硅谷、向海产业孵化基地，促进陆海产业融合发展。探索建立"一带一路"向海经济北部湾先行区。

（四）统筹沿海沿江沿边协调发展

提升西江－珠江水道通航能力和航运管理水平，连接西江－珠江水系与北部湾港，形成通江达海、江海联动的向海发展格局。以我区内陆城市为组团，联动北钦防，打造东融合作发展示范区。建设防城港市、崇左市和百色市的沿边开放平台，畅通向海通道，打造充满活力、富有特色的沿边开放新高地。

（五）促进我区内陆地区向海发展

整合港口资源，拓展港口综合功能，促进我区陆域资源要素加速向海汇集。强化我区内陆与沿海地区合作，推动内陆地区在北部湾沿海建立"飞地园区"，促进内陆城市框架向海延伸，形成陆海互动新格局。

三、加快健全向海经济现代产业体系

（六）加强海洋资源综合开发和利用

开展海岸带、近海、远海资源全面调查，合理开发和利用海洋矿产资源、生物资源等海洋资源，稳步推进海砂、海洋微藻、海水珍珠等特色资源产业化和规模化，不断提升海洋资源综合开发和利用水平。

（七）打造绿色临海（临港）产业体系

打造以电子信息、石化、冶金、有色金属、粮油产业为龙头的临海(临港)产业集群，创新建立"油、煤、气、盐"并进的多元化临海石化产业体系，努力打造国家级冶金创新平台、有色金属加工基地和面向东盟的临港石化产业基地。

（八）加快推进海洋传统产业提质增效

——建设"蓝色粮仓"和"海洋牧场"。加快防城港市白龙珍珠湾、北海市银滩南部海域国家级海洋牧场示范区和钦州市海洋牧场建设。鼓励发展休闲渔业和远洋渔业，建设现代海洋渔业示范基地，打造生态"蓝色粮仓"。振兴南珠产业，建设北海南珠专业市场，创建南珠产业标准化示范基地。着力打造我区海洋渔业知名品牌，建立海产品精深加工示范基地、冷链物流中心和冻品交易市场，建立现代渔业聚集区和渔港经济区。

——加快海洋集疏运和配套产业集群发展。合理利用海岸线等空间资源，进一步整合北部湾港口企业，加强港口软实力建设，提升港口建设现代化水平。发展以海铁联运为主干的多式联运体系，推动陆海联动、江海联动，支持加快港城快速运输线、重点园区交通线建设，实现港产城融合。支持发展海洋物流、冷链仓储等行业，打造智慧、绿色海洋集疏运综合枢纽体系。

——壮大海洋化工产业。加快打造海洋石化产业聚集区，集约集聚发展海洋石化产业。打造绿色、集聚、高端的海洋化工基地。做大做强海藻化工，开发高附加值化工产品，推动产业链向高端延伸。

（九）培育海洋新兴产业

——提升海洋高端装备制造产业。推进中国船舶集团有限公司大型修造船及海洋工程装备制造保障基地建设。加快深远海资源开发，引进深远海养殖、冷链运输加工等渔业装备示范应用产业链。优先发展深海油气矿产资源开采平台散装部件装备制造产业，扶持深海网箱高效养殖集成装备制造产业，加快打造具有区域性国际竞争力的北部湾海洋工程装备制造基地和南海资源开发综合保障基地。

——培育海洋生物医药产业。优化海洋生物产业空间布局，推动海洋微生物、抗癌活性物、鲎试剂、药用南珠等海洋生物资源成果的孵化、转化，构建海洋生物医药产业研究和开发平台。建设面向东盟市场的现代医疗器械与设备电子贸易平台，打造北部湾海洋生物医药产业聚集区，加快防城港国际医学开放试验区建设。

——积极发展海水综合利用产业。积极布局海水利用与淡化产业，推动海岛海水淡化工程落地。推进和扩大沿海电力、石化、钢铁等重点行业海水冷却循环利用，向使用海水的企业集中配套海水供水管网，加快推进海水作为生产用水的应用进程。

——扶持发展海洋能源及环保产业。扶持海洋油气矿产勘探业发展，建设大洋深海油气矿产资源加工基地。发展绿色循环的海洋生态经济，科学合理布局海洋环保产业。大力发展清洁能源，支持北部湾海域发展海上风力发电，安全利用核电，推进岸电及节能设施建设，合理发展"渔光互补"产业。着力打造面向东盟的北部湾新能源汽车产业基地。

（十）大力发展海洋现代服务业

积极培育和引入涉海金融服务市场主体，开发涉海金融贷款、保险、租赁等产品与服务。建立面向东盟的国际物流基地，积极开展保税、国际中转、国际采购分销、配送等物流服务业务。加快广西"智慧海洋"工程建设。

四、加快向海全方位对外开放

(十一) 打造西部陆海新通道门户港

加快完善港口基础设施建设，提升港口货运铁路出海通行能力，推动西部陆海新通道建设。通过资源兴产业、产业带投资、投资促发展，完善通道沿线市县向海产业链的布局，支持南宁市、钦州市建设服务西部陆海新通道的产业园区和物流基地，加快建设服务西南、中南、西北的国际陆海联运基地。

(十二) 搭建全面对接粤港澳大湾区向海经济开放平台

突出向海经济平台作用，推进广西北部湾进出口贸易向粤港澳大湾区对接和延伸，推动共建海洋产业园、海洋合作示范区，主动融入粤港澳大湾区建设。推动北部湾城市群与粤港澳大湾区城市群联动发展，加快沿海高速铁路对接，完善城镇基础设施，提高服务水平，扩大北部湾城市群区域经济影响力。

(十三) 发挥海洋优势，促进自贸试验区建设

持续优化营商环境，创新海域海岛管理制度，加快构建现代海洋治理体系，探索建立海洋产业准入负面清单制度。培育向海贸易新业态、新模式，提高向海贸易自由化水平。

(十四) 加强与"一带一路"沿线国家和地区合作

牢固树立海洋命运共同体新理念，积极参与"一带一路"建设，与

"一带一路"沿线国家和地区探索港口+配套园区"双港双园"发展模式。支持有实力的涉海企业与境外企业合作共建远洋渔业基地、海洋特色产业园区。研究设立中国（广西）-东盟海洋合作试验区。支持举办面向东盟的海洋合作论坛，探索建立中国-东盟海洋产业联盟。

五、加快推动陆海协同科技创新

（十五）发挥平台协同创新作用

坚持前端聚焦，支持建设一批省部级工程研究中心、重点实验室、中试平台等向海产业科研平台，围绕广西海洋产业转型升级遇到的技术瓶颈，集中组织实施一批科技攻关项目。推进中间协同，加快平台协同创新，支持中国-东盟国家海洋科技联合研发中心建设，推动建立广西海洋创新联盟。注重后端转化，加快我区海洋科技成果转化，积极引导社会资本加大对海洋科技领域的投资。通过举办向海经济成果交易展览会等形式，鼓励国内外涉海科研院校、企业到广西举办技术成果推介会，支持入驻广西的各类技术市场建设面向东盟的区域性创新中心。

（十六）打造海洋科技人才集群

加强我区海洋领域人才的培养和使用，加快引进从事产业技术创新、成果产业化和技能攻关的涉海高端领军人才。积极引进国家级海洋类科研院所和高校分院落户广西。大力支持自然资源部第四海洋研究所和北部湾大学建设，努力打造海洋科技人才新高地。

（十七）开展向海经济创新发展试点示范

重点推进北海海洋经济发展示范区、北海海洋经济创新示范城市建设，开展示范建设的监测评价和经验推广。推动开发性金融促进海洋经济发展试点落地，研究制订促进涉海科技创新企业上市创业板优惠政策，拓宽涉海企业投融资渠道，构建面向东盟的金融开放门户新格局。

六、构建陆海一体生态保护利用新格局

(十八) 强化陆海统筹管控机制

落实海洋资源与生态管控政策措施，统筹陆域与海域、海岸带与海岛、近海与远海开发利用，建立健全海域和无居民海岛开发利用市场化配置及流转管理制度。统筹近岸海域污染防治、流域环境治理与保护，实施建立海洋生态环境损害赔偿、海洋生态补偿等制度。

(十九) 加强海洋生态保护修复

推进"蓝色海湾"工程、海岛和海岸线生态修复建设，加强对红树林、珊瑚礁、海草床、滨海湿地的保护。加快受损岸线、海湾、河口、海岛和典型海洋生态系统等重点区域的结构和功能的修复。开展珍稀濒危海洋生物、渔业资源的保护和修复工作，构建壮美海洋景观。

(二十) 提升海洋监测预报减灾能力

建设覆盖全区近海的海洋资源监测网络，实现涉海部门信息共享。建设自治区、市、县三级海洋观测预报和防灾减灾队伍，全面提高海洋防灾减灾和预警预报能力。建立服务北部湾的海洋观测网和预报中心。

七、振兴广西海洋特色文化

(二十一) 传承发展海洋特色文化

开展海洋文化古迹、遗址抢救性修复和保护工作，支持和鼓励具

备条件的海洋古迹申报各级别遗产名录。充分发掘和提升广西古代海上丝绸之路始发港文化、南珠文化、贝丘文化、疍家文化、京族文化等文化的内涵，加大海洋特色文化发展的创新力度，支持拍摄反映当地海洋历史文化和生活的影视作品，建设南国滨海人文风光影视基地，打造一批具有广西特色的海洋文化精品。

（二十二）发展壮大海洋文化旅游

构建沿海特色旅游产品体系，打造北部湾生态旅游海岸。建设一批广西与东盟国家和地区沿海旅游环线、沿海休闲度假康养基地。加快海岛旅游与邮轮、游艇等新型交通载体结合，拓展海上旅游新空间。建设以海洋民俗文化、涉海节庆文化、海洋创意文化等文化为重点的海洋文化产业高地，不断深化与东盟国家和地区的海洋文化交流。

八、保障措施

（二十三）加强组织领导

全区各级党委和政府要充分认识加快发展向海经济、推动海洋强区建设的重大意义，强化主体责任，主要负责人要亲自抓，加强海洋工作的领导和统筹协调。完善海洋发展工作机制，明确部门责任分工，密切协作配合，形成工作合力，有力推进各项工作顺利开展。

（二十四）强化运行监测与评估

建立健全广西向海经济运行监测与评估机制，搭建部门间数据共享机制，推动海洋大数据平台建设。开展海洋产业指标数据定期抽样调查和海洋经济市级核算工作，不断健全向海经济管理运行体系。

（二十五）强化政策支持

推动完善涉海经济法规，研究制定广西促进海洋经济发展条例。整合自治区海洋发展专项资金。鼓励投资者按市场化方式设立发展向海经济创业投资基金、海洋新兴产业风险投资基金，鼓励金融机构开展中小企业助保金贷款和海洋"科技贷"等业务，支持海洋产业发展。

（二十六）增强全民海洋意识

健全海洋意识公众参与机制，建立一批海洋科普与教育示范基地，完善和创新活动平台，普及海洋知识。加强涉海法律法规和有关海洋政策宣传，不断增强全民对发展海洋经济、保护海洋环境、维护海洋权益、传承海洋文化的意识，营造亲海、爱海、强海的浓厚社会氛围。

附录2　2019年广西海洋经济发展大事记

1月2日，钦州海事局保税港区海事处综合业务用房正式揭牌。新综合业务用房的落成与启用，助力钦州建设国际陆海贸易新通道核心港区。

1月3日，自治区主席陈武深入北部湾大学调研并主持召开北部湾大学建设发展座谈会，强调要认真学习贯彻习近平总书记关于高等教育发展的系列重要论述，按照"建设壮美广西，共圆复兴梦想"的总目标总要求，在新起点上全力以赴加快建设海洋特色鲜明的高水平应用型大学，为"一带一路"建设和北部湾经济区高质量发展提供人才和智力支持。

1月3—4日，自治区主席陈武深入钦州市产业园区、保税港区、项目现场和企业车间，就贯彻落实中央经济工作会议精神和全区经济工作会议部署情况进行调研。

1月25日，中国海洋工程咨询协会会长工作会议在北海召开。

1月28日，北海综合保税区揭牌仪式在A区卡口广场举行，这标志着北海出口加工区成功整合优化为综合保税区，正式开关运作。

2月25日，自然资源部副部长赵龙率队到广西山口国家级红树林生态自然保护区、金海湾红树林生态保护区以及银滩等地调研。

3月6日，全国首艘新规范LPG船在钦州港开造。

3月13日，四川省副省长李云泽一行到铁山港，就加强四川与广西"西部陆海贸易新通道"建设合作，充分利用广西北部湾经济区港口优势和四川产业优势，实现向海经济发展互利共赢有关论题进行调研。

3月18日，北海市海洋局举行揭牌仪式。

3月27日，广西海洋局组织专家在南宁对全区第一次全国海洋经济调查进行验收。

4月1日，自然资源部南海调查技术中心彭昆仑副主任率团到自治区海洋局围绕国土空间用途管制、生态修复职责等方面的技术支撑开展座谈交流。

4月2日，国家文物局局长刘玉珠率工作组到北海开展文物保护利用改革和海上丝绸之路史迹申报世界文化遗产工作专项调研。

4月10日，北海市向海大道工程开工。

4月13日，首列"陆海新通道"铁海联运班列印度专列抵达钦州港。

4月19日，北海市在合浦县廉州镇烟楼村水儿码头举行2019年4月重大项目集中开竣工暨"海丝首港项目"开工仪式。

4月27日，广西海洋研究院珊瑚礁研究团队实验的广西首例室内人工有性繁育的"珊瑚宝宝"在涠洲岛成功"诞生"。

5月9日，建设西部陆海新通道枢纽城市暨面向东盟金融开放门户推介会在钦州举行。

5月10日，北海至涠洲岛水上飞机航线正式开通，标志着全国首条水上飞机固定航线在北海开通。

5月13日，"共建陆海新通道共享合作新商机"国际陆海贸易新通道广西推介会在新加坡举办。

5月17日，铁山港区营盘镇政府与太平洋华佗建设集团营盘中心渔港、白龙珍珠城基础设施建设合作举行签约仪式。

5月28日，中央环保督察组四组组长、中国民用航空局原局长李家祥率国家重大品牌与国家重点区域协同发展战略专家组到钦州调研国家重大品牌企业参与向海经济建设情况。

5月28日，马来西亚东海岸经济特区发展理事会总裁柏查威一行到钦州，考察中马钦州产业园区、钦州保税港区开发建设情况。

6月6日，广西2019年"世界海洋日暨全国海洋宣传日"活动在北部湾大学正式启动，主题为"珍惜海洋资源保护海洋生物多样性"。

6月27日，"新时代，新通道，新作为——首届中国北部湾发展论坛暨新时代高水平开放与西部陆海新通道建设研讨会"在钦州市北部湾大学开幕。

6月28日，北海海洋产业科技园区与自然资源部第三海洋研究所合作共建的"广西北海典型海洋生态系统观测与实验站"揭牌成立。

7月2日，北海铁山港区1号至4号泊位工程（二期）通过竣工验收。

7月11日，以"再扬丝路风帆·共筑蓝色梦想"为主题的系列活动在北海举行。

7月19日，广西壮族自治区人民政府副主席，自治区北部湾经济区规划建设管理办公室主任杨晋柏出席第十三届制造业与物流业联动发展年会暨陆海新通道物流发展论坛并致辞指出，论坛为打造"产业+通道+枢纽+网络"的现代物流体系提供了对话平台，将助力陆海新通道加快建设。

7月31日，自治区党委、自治区人民政府在钦州市召开全区推进北钦防一体化和高水平开放高质量发展暨西部陆海新通道建设大会。

8月15日，"2019中国(北部湾)海洋经济与文化旅游发展论坛"在广西防城港市举行。

8月16日，国家发展改革委印发实施《西部陆海新通道总体规划》，这标志着西部陆海新通道建设上升为国家战略，为包括广西在内的中国西部地区腹地带来重大发展机遇。

8月16日，北海市"侨港开海节"系列活动之侨港开海起航仪式在侨港镇电建渔港出海口西堤举行。

8月21日，"海丰天津"轮顺利靠泊钦州保税港大榄坪3号泊位，标志着首条广西北部湾港至菲律宾首条集装箱班轮直航航线正式开通，为我国西南地区与马尼拉的进出口货物提供了全新路径和便捷服务。

8月26日，国务院批复同意设立中国(广西)自由贸易试验区。

9月6日，2019年泛珠三角区域合作行政首长联席会议在南宁成功举办，以"对接粤港澳大湾区建设，深化泛珠合作发展"为主题进行了深入探讨。

9月13日，广西壮族自治区党委、自治区人民政府正式印发《关于推进北钦防一体化和高水平开放高质量发展的意见》和《广西北部湾经济区北钦防一体化发展规划（2019—2025 年）》。

9 月 20 日，缅甸联邦共和国副总统敏瑞率缅甸代表团对钦州市口岸建设、航运物流、陆海新通道及自由贸易试验区建设等情况进行考察。

9 月 20 日，"广西钦州—南美东"远洋直航航线首航仪式在钦州保税港区举行。这是北部湾港首条通往南美洲的远洋集装箱直航航线，将为西部陆海新通道沿线各省区市连接南美洲提供高效、便捷、经济的海上物流通道。

9 月 22 日，"2019 年度中国–东盟海洋科技合作研讨会"在广西壮族自治区北海市开幕。研讨会主题为"提升海洋科研能力，共筑海上丝绸之路"。

9 月 23 日，主题为"聚焦创新驱动，携手东盟合作，发展向海经济"的 2019 年向海经济暨 21 世纪海上丝绸之路成果展示交流会在北海市召开。

9 月 24 日，2019 年 9 月重大项目集中开竣工暨中国石化北海炼化结构调整改造项目开工仪式在北海炼化项目现场举行。

10 月 9 日，自治区主席陈武来到北部湾航运中心，考察西部陆海新通道建设并主持召开座谈会。

10 月 11 日，自治区主席陈武到自治区商务厅调研中国（广西）自由贸易试验区建设并主持召开座谈会。

10 月 22 日，广东省人大常委会副主任、民盟广东省委主委王学成，自治区政协副主席、民盟广西区委主委刘慕仁等 80 多名民盟中南六省(区)会议代表到钦州市,就西部陆海新通道和中国(广西)自由贸易试验区钦州港片区建设进行调研。

10月26—28日,广西海洋研究院牵头完成的"海洋灾害多维动态监测关键技术与规模化应用"荣获2018年海洋科学技术奖二等奖。

11月11日,自治区党委、自治区人民政府在广东省深圳市举行2019年广西全面对接粤港澳大湾区产业发展推介会暨签约仪式。

11月19日,自治区政协"提高广西港口运行效率和服务水平,助推西部陆海新通道建设"跨区域协商座谈会暨沿海三市政协合作协商第二次会议在北海市召开。

11月19日,防城港市与广西科学院签署合作协议,共同建设北部湾海洋产业研究院。

12月2—3日,由广西壮族自治区人民政府主办的共建共享面向东盟金融开放门户、西部陆海新通道暨中国–东盟信息港推介交流会在新加坡和泰国曼谷成功举办。

12月4日,由中国珠宝玉石首饰行业协会、自治区商务厅、自治区农业农村厅、自治区海洋局和北海市政府共同主办全球珍珠产业发展论坛。

12月5日,北部湾国际门户港航运服务中心正式启动运营,标志着北部湾国际门户港建设又迈出重要一步。

12月6日,钦州市市政府、北部湾大学分别与广东海洋大学签署战略合作框架协议,以海洋产业为依托,以科技创新为引领,加强联合,促进资源优势互补,推动海洋经济高质量发展。

12 月 13—14 日，2019"一带一路"国际帆船赛北海站举行。

12 月 19 日，广西壮族自治区党委、自治区人民政府出台《关于加快发展向海经济推动海洋强区建设的意见》，提出立足海洋资源优势，拓展蓝色发展空间，构建现代海洋产业体系，推动陆海经济协同发展，推进陆海统筹，大力营造绿色可持续的海洋生态环境，加快推进海洋强区建设。

12 月 20 日，自治区北部湾办组织召开北钦防一体化专家委员会和西部陆海新通道北部湾研究院专家委员会第一次会议。

12 月 25 日，北部湾航运交易有限公司在南宁市揭牌成立。

附录3 2019年广西海洋经济统计公报

广西壮族自治区海洋局

2020年6月

2019年，全区各级各有关部门在自治区党委、政府的坚强领导下，坚持以习近平新时代中国特色社会主义思想为指引，全面贯彻党的十九大和十九届二中、三中、四中全会精神，深入贯彻落实习近平总书记对广西工作的重要指示精神，紧紧围绕党中央、国务院关于加快建设海洋强国的战略部署，按照新发展理念和高质量发展要求，进一步优化海洋产业结构，逐步扩大支柱海洋产业优势，加快海洋传统产业升级改造，大力发展海洋战略新兴产业，推动海洋经济加快发展，全区海洋经济继续保持健康有序发展。

一、广西海洋经济总体运行情况

据初步核算，2019年广西海洋生产总值达1664亿元，按现价计算，比上年增长13.4%，占广西生产总值比重为7.8%，占沿海三市（北海、钦州、防城港）生产总值比重为49.5%。其中，主要海洋产业增加值874亿元，占沿海三市生产总值比重为26.0%。按三次产业划分，第一产业海洋增加值263亿元，第二产业增加值498亿元，第三产业增加值 903 亿元。第一、第二、第三产业海洋增加值占海洋生产总值比重分别是 15.8%，29.9%，54.3%。

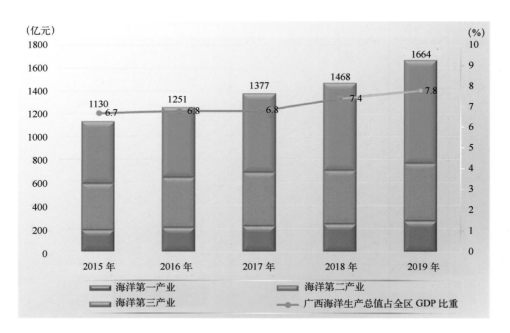

图 1　2015—2019 年广西海洋生产总值情况

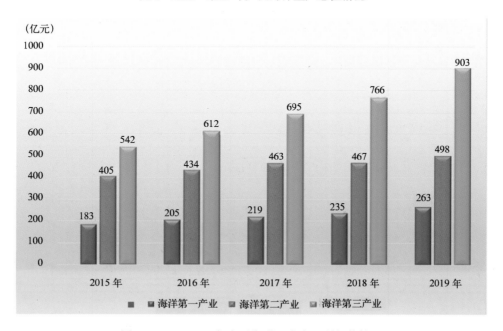

图 2　2015—2019 年广西海洋三次产业增加值情况

二、广西海洋产业发展情况

2019年，广西海洋产业总体保持较快增长。按海洋经济核算三大层次划分，主要海洋产业增加值874亿元，比上年增长15.3%；海洋科研教育管理服务业增加值214亿元，比上年增长9.7%；海洋相关产业增加值577亿元，比上年增长11.8%。

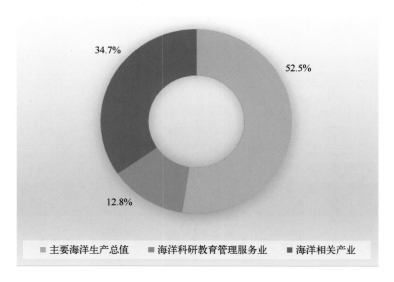

图3 2019年广西海洋经济核算结构

（一）主要海洋产业发展情况

2019年，广西主要海洋产业实现平稳增长。其中，支柱产业海洋渔业、海洋交通运输业、海洋工程建筑业、滨海旅游业同比增速分别为12.3%、11.5%、-6.0%和34.3%，占主要海洋产业增加值比重分别是32.3%、21.2%、12.5%和31.4%。

——海洋渔业 海洋渔业实现较快增长。全年增加值284亿元，比上年增长12.3%。

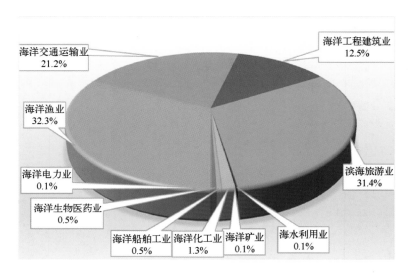

图4 2019年广西主要海洋产业增加值构成

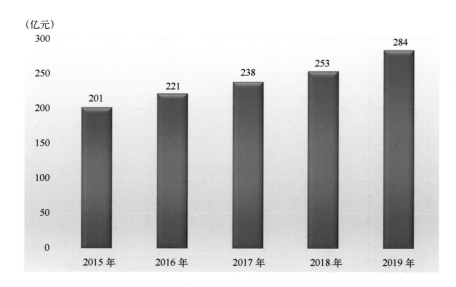

图5 2015—2019年广西海洋渔业增加值情况

——海洋油气业 按照企业注册地统计原则，海洋油气业指标数据不在我区统计。

——海洋矿业 海洋矿业全年实现增加值1亿元，与上年持平。

——**海洋船舶工业** 海洋船舶工业全年实现增加值 4 亿元，与上年持平。

——**海洋交通运输业** 沿海港口生产呈现快速增长势头，全年实现增加值 185 亿元，比上年增长 11.5%。全年沿海港口货物吞吐量 25 568 万吨，比上年增长 14.7%，沿海港口国际标准集装箱吞吐量 382 万标准箱，比上年增长 34.6%。

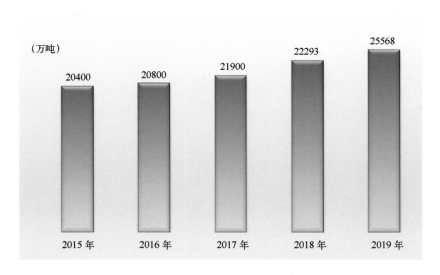

图 6　2015—2019 年广西北部湾港口吞吐量情况

——**滨海旅游业** 滨海旅游业继续保持较快增长。全年实现增加值 274 亿元，比上年增长 34.3%。

——**海洋化工业** 海洋化工业全年实现增加值 11 亿元，与上年持平。

——**海洋生物医药业** 海洋生物医药业加快发展。全年实现增加值为 4 亿元，比上年增长 100%。

——**海洋工程建筑业** 海洋工程建筑业全年实现增加值 109 亿元，

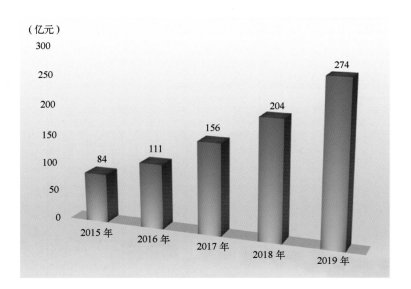

（亿元）

图7　2015—2019年广西滨海旅游业增加值情况

比上年下降6.0%。

——海洋电力业　经国家核定，我区海洋电力业增加值为1亿元，比上年增长233.3%。

——海洋盐业　广西海洋盐业数据来源于北海市竹林盐场，自2016年以来，盐场企业改制，企业调整产能，海盐产量持续减少，2017年开始企业停产转制。

——海水利用业　海水利用业全年实现增加值为0.8亿元，比上年增长14.3%。

（二）海洋科研教育管理服务业发展情况

2019年，海洋科研教育管理服务业较快增长，全年实现增加值214亿元，比去年增长9.7%。

（三）海洋相关产业

2019年，海洋相关产业保持较快发展速度。全年实现增加值577

亿元，比去年增长 11.8%。

三、沿海三市海洋经济发展情况

据初步核算，2019 年北海市海洋生产总值为 634 亿元，占广西海洋生产总值比重为 38.1%；钦州市海洋生产总值 624 亿元，占广西海洋生产总值比重为 37.5%；防城港市海洋生产总值 406 亿元，占广西海洋生产总值比重为 24.4%。

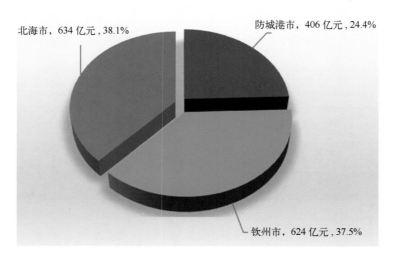

图 8   2019 年广西沿海三市海洋生产总值结构

注释：1. 2018 年广西海洋生产总值最终核实数据为 1468 亿元；2019 年广西海洋生产总值数据为国家初步核实数。

2.《公报》增加值数据以 2019 年国家初步核算的广西数据为基准，部分数据由于四舍五入的原因，存在分项合计不等的情况。

3.《公报》增速数据以 2018 年国家海洋局最终核实数据为基数，增速数据均按照现价计算。

4. 因我区市级海洋经济核算尚未开展，沿海三市海洋生产总值通过各市 GDP 总量、增速和海洋各产业占比进行等比指数分配。

附录 4 2019 年国务院及主要部门发布的涉海政策文件

文件名称	主要内容	发布机构	发布时间
《国家级海洋牧场示范区管理工作规范（试行）》	示范区按照功能分为养护型、增殖型和休闲型 3 类	农业农村部	2019 年 9 月
《关于建设世界一流港口的指导意见》	到 2025 年，世界一流港口建设取得重要进展，主要港口绿色、智慧、安全发展实现重大突破，地区性重要港口和一般港口专业化、规模化水平明显提升。到 2035 年，全国港口发展水平整体跃升，主要港口总体达到世界一流水平，若干个枢纽港口建成世界一流港口，引领全球港口绿色发展、智慧发展。到 2050 年，全面建成世界一流港口，形成若干个世界级港口群，发展水平位居世界前列	交通运输部 发展改革委 财政部 自然资源部 生态环境部 应急部 海关总署 市场监管总局 国家铁路集团	2019 年 11 月
《关于成立全国海洋渔业资源评估专家委员会的通知》	委员会的主要职责是，在农业农村部渔业渔政管理局指导协调下，为制定海洋渔业资源保护相关管理制度、政策规划，标准规范等提供技术支撑；指导开展海洋渔业资源调查监测，从全国和海区层面开展海洋渔业资源评估，并提出海洋渔业资源总量管理目标建议；指导总量管理和限额捕捞制度实施并对实施情况进行评估；承担农业农村部渔业渔政管理局交办的其他任务	农业农村部办公厅	2019 年 2 月

续表

文件名称	主要内容	发布机构	发布时间
《粤港澳大湾区发展规划纲要》	第四节　大力发展海洋经济 坚持陆海统筹、科学开发，加强粤港澳合作，拓展蓝色经济空间，共同建设现代海洋产业基地。构建现代海洋产业体系，优化提升海洋渔业、海洋交通运输、海洋船舶等传统优势产业，培育壮大海洋生物医药、海洋工程装备制造、海水综合利用等新兴产业，集中集约发展临海石化、能源等产业，加快发展港口物流、滨海旅游、海洋信息服务等海洋服务业，加强海洋科技创新平台建设，促进海洋科技创新和成果高效转化	中共中央 国务院	2019 年 2 月
《中国（山东）自由贸易试验区总体方案》（国发〔2019〕16 号）	（六）高质量发展海洋经济。14. 加快发展海洋特色产业。15. 提升海洋国际合作水平。16. 提升航运服务能力	国务院	2019 年 8 月
《关于贯彻落实海域无居民海岛有偿使用意见的实施方案的通知》（自然资办发〔2019〕2 号）	认真落实党中央、国务院决策部署，严格落实海洋国土空间生态保护红线，以生态保护优先和资源合理利用为导向，对需要严格保护的海域、无居民海岛，严禁开发利用；对可开发利用的海域、无居民海岛，通过有偿使用达到尽可能少用用的目的	自然资源部办公厅	2019 年 1 月

附录 5 2019 年沿海地区发布的涉海政策文件

地区	文件名称	主要内容	发布机构	发布时间
辽宁	《辽宁"16+1"经贸合作示范区总体方案》	打造以海铁联运为重点的多式联运基地，形成"一带一路"经东北地区的完整环线	辽宁省人民政府	2019 年 5 月
河北	中共河北省委 河北省人民政府《关于大力推进沿海经济带高质量发展的意见》	意见提出：加快建设现代化环渤海港口群，扎实推进与京津深度合作，全方位高水平扩大开放，深化体制机制改革；依托秦皇岛、唐山、沧州三市的港口型国家物流枢纽承载城市建设，做强现代港口商贸物流产业。积极发展港口起重装卸、海洋化工、海水淡化、循环冷却及海水脱硫、海洋生态与环境监测等海洋工程装备制造	中共河北省委、河北省人民政府	2019 年 3 月
	《天津临港海洋经济发展示范区建设总体方案》	截至 2025 年，总投资 244 亿元，重点建设包括天津临港海水淡化与综合利用示范基地等 10 个海水淡化与综合利用项目，天津市海洋工程装备制造基地等 17 个海洋工程装备项目，2 个生态环境综合整治项目，7 个基础设施项目等	天津市发展改革委、市规划和自然资源局	2019 年 7 月
天津	《天津市加强滨海湿地保护，严格管控围填海工作实施方案》	坚持最严格的生态环境保护制度，全面加强本市滨海湿地保护工作，严格管控围填海活动，加快处理围填海历史遗留问题，加强围填海监管，全面提升依法用海和海洋环境保护意识，进一步提高生态管理海域、管理湿地水平，为全面加强生态环境保护和加快美丽天津建设做出积极贡献	天津市人民政府办公厅	2019 年 4 月

续表

地区	文件名称	主要内容	发布机构	发布时间
山东	山东省人民政府印发《关于加强滨海湿地保护严格管控围填海实施方案的通知》	落实高质量发展要求，统筹陆海国土空间开发保护，实现海洋资源严格保护、有效修复、集约利用，为建设海洋强省做出积极贡献	山东省人民政府	2019 年 6 月
	《关于聚焦海洋产业高质量发展着力突破"四个一批"的实施意见》	聚焦重点领域、关键技术，克服短板和优化营商环境，提出了 23 项具体政策措施，其中包括 2019 年筛选的 60 个新项目纳入海洋强省建设项目库，评审认定 10 个左右省级海洋特色产业园区等	山东省海洋局	2019 年 11 月
	山东省人民政府关于印发《山东省现代化海洋牧场建设综合试点方案的通知》	积极探索以近浅海海洋牧场和深远海养殖为重点的现代化海洋渔业发展新模式，建设一批布局科学合理、管理科学规范、产业多元融合、产出高质高效、绿色生态发展的现代化海洋牧场综合体，努力构建生态、经济、社会效益相统一、近浅海与深远海相统筹海洋渔业可持续发展新格局	山东省人民政府	2019 年 1 月
	《山东省海洋生态环境保护规划(2018—2020 年)》	至 2020 年，全省海洋环境质量实现整体改善，近岸水质稳中趋好、海洋生境和生物多样性得到有效保护，海洋生态环境风险防范应对能力显著提升等目标，沿海地区人民群众对海洋生态环境的满意度得到切实提升	山东省生态环境厅	2019 年 3 月
	《关于支持海洋战略性产业发展的财税政策的通知》	共 26 条具体财政干货，支持海洋战略性产业高质量发展。包括对经国家批准的远洋渔业基地，在中央财政奖补的基础上，省级财政再给予每个最高 3000 万元补助；对国家级海洋牧场每个给予最高 2500 万元一次性补助；对省级重点实验室择优给予每家最高 100 万元支持；对升级为国家重点实验室的，给予每家 1000 万元支持	山东省财政厅、中共山东省委组织部、山东省发展和改革委员会等 16 部门	2019 年 12 月

续表

地区	文件名称	主要内容	发布机构	发布时间
江苏	《江苏省海洋经济促进条例》	共7章52条，以空间布局与产业发展为重点，以推进海洋经济开放合作和科技创新能力建设为支撑，以强化安全生产等为保障，对加强生态保护、构建服务高质量发展做出了较为全面的规定，并设定了一些创新性规定	江苏省人大常务委员会	2019年4月
上海	《中国（上海）自由贸易试验区临港新片区管理办法》	以政府规章的形式，明确临港新片区的管理体制机制，全面体现新片区改革亮点，衔接国家授权改革措施，为新片区顺利运作提供法治保障	上海市人民政府	2019年8月
浙江	《浙江宁波海洋经济发展示范区建设总体方案》	提升海洋科技研发与产业化水平，创新海洋产业绿色发展模式	浙江省人民政府办公厅	2019年7月
浙江	《浙江温州海洋经济发展示范区建设总体方案》	探索民营经济参与海洋经济发展新模式，开展海岛生态文明建设示范	浙江省人民政府办公厅	2019年7月
福建	《关于促进邮轮经济发展的实施方案》	到2035年，初步建成布局合理的邮轮港口和航线体系，优化高效的邮轮配套服务保障体系，特色鲜明的邮轮研发制造体系，周到完善的邮轮应急管理体系，邮轮产业链基本形成，邮轮建造和船队发展取得明显成效，邮轮经济规模不断扩大，对产业升级、经济发展和人民消费的支撑和保障作用显著增强	福建省发展和改革委员会等10部门	2019年4月
福建	《福建省加强滨海湿地保护严格管控围填海实施方案》（闽政办〔2019〕38号）	明确除国家重大战略项目外，全面停止受理新增围填海项目申请，要求严守海洋生态保护红线，全面清理非法占用红线区域的围填海项目	福建省人民政府办公厅	2019年7月
福建	《2019年福建海洋强省重大项目建设实施方案》（闽发改〔2019〕279号）	围绕加快建设海洋强省重大项目建设的目标任务和总体要求，全力推进148个在建重大项目加快建设，91个前期项目取得突破	福建省发展和改革委员会	2019年4月

续表

地区	文件名称	主要内容	发布机构	发布时间
广东	《广东省推进粤港澳大湾区建设三年行动计划（2018—2020年）》	分工落实广省重点支持的海洋六大产业	广东省推进粤港澳大湾区建设领导小组	2019 年 7 月
	《广东省加快发展海洋六大产业行动方案（2019—2021年）》	推进海洋生物医药重点领域研发及应用推广。开展海洋生物基因，功能性食品、活性物质，疫苗和基于生物基因工程技术攻关。支持校企合作开发抗肿瘤、抗心血管疾病，抗感染等海洋创新药物和肽类、海藻多糖类等功能性海洋生物制品	广东省自然资源厅	2019 年 12 月
	《广东省海洋防灾减灾规划（2018—2025 年）》	到 2025 年，基本建成与广东省海洋经济社会发展需求相适应的海洋观测预报减灾业务体系，海洋灾害风险防御能力显著提升，重点区域重点目标保障有力。集成高效的海洋综合防灾减灾工作体系	广东省自然资源厅	2019 年 5 月
	《关于印发 2020 年省级促进经济发展专项资金（海洋战略新兴产业、海洋公共服务）项目申报指南的通知》	该批项目共设置海洋电子信息专题、海洋工程装备、海洋生物、海上风电、天然气水合物（可燃冰）、海洋公共服务六个专题，每个专题分重点、一般两种项目类别	广东省自然资源厅	2019 年 8 月

续表

地区	文件名称	主要内容	发布机构	发布时间
海南	《海南省休闲渔业发展规划（2019—2025 年）》	充分挖掘海南全省得天独厚的海洋资源、生态环境、交通条件、文化底蕴等优势潜力，根据国家相关战略规划精神和推进海洋强省建设的总体战略部署，着眼休闲渔业发展基础和资源要素配置条件，构建"一圈、两极、三区、一点"的国际旅游消费中心热带休闲渔业发展格局	海南省发展和改革委员会	2019 年 9
	《海南邮轮港口海上游航线试点实施方案》	紧紧围绕打造"海南国际旅游消费中心"的战略定位，通过探索创新中资非五星红旗邮轮开展海上游航线试点，加快三亚向邮轮母港方向发展，丰富海南邮轮旅游航线产品，拓展邮轮消费发展空间，培育邮轮旅游消费新热点，把海南打造成特色鲜明的邮轮旅游消费胜地	海南省人民政府办公厅	2019 年 7 月
	《海南省加强红树林保护修复实施方案》	暂定到 2025 年，新增红树林面积 2000 公顷（3 万亩），使全省红树林总面积达到 7724 公顷（11.59 万亩），平均每年需新增 286 公顷（4290 亩）。建立全省红树林资源动态数据库及监测体系，严格红树林用途监管，增强红树林生态系统生态服务功能，维护红树林湿地的生物多样性，全面提升红树林保护和修复水平	海南省人民政府办公厅	2019 年 12 月

附录6 2019年广西出台的涉海重要政策文件一览表

文件名称	主要内容	发布机构	发布时间
《中共广西壮族自治区委员会 广西壮族自治区人民政府关于加快发展向海经济推动海洋强区建设的意见》（桂发〔2019〕38号）	立足海洋资源优势，坚定不移走高质量发展之路，拓展蓝色发展空间，构建现代海洋产业体系，推动海陆经济协同发展，推进陆海统筹，大力营造绿色可持续的海洋生态环境，加快推进海洋强区建设，为建设壮美广西、共圆复兴梦想贡献磅礴力量。到2025年，向海经济实现跨越发展，向海经济空间布局趋于合理，海洋产业体系支撑带动作用突出。海洋经济对全区经济增长贡献率达到15%；以海洋经济、沿海经济带经济、通道经济（向海）为主体的向海经济总产值达到7000亿元，占全区地区生产总值（GDP）比重达到25%。海洋生态文明建设保持先进水平	中共广西壮族自治区委员会、广西壮族自治区人民政府	2019年12月
《关于推进北钦防一体化和高水平开放高质量发展的意见》（桂发〔2019〕22号）	战略定位：西部陆海新通道门户枢纽，与粤港澳大湾区联动发展的沿海经济带，引领广西高质量发展重要增长极，区域协调发展改革创新实验区，汇聚创新资源的科创新高地，宜居宜业宜游蓝色生态湾区	中共广西壮族自治区委员会、广西壮族自治区人民政府	2019年7月28日

续表

文件名称	主要内容	发布机构	发布时间
《广西北部湾经济区北钦防一体化发展规划（2019—2025 年）》（桂发〔2019〕22 号）	以深入推进一体化发展为导向，以优化发展空间布局，建设综合交通枢纽，构建现代临港产业体系，形成大开放合作格局，强化生态环境保护，完善基本公共服务，创新发展体制机制为主抓手，加快破除制约北钦防协同发展的瓶颈，做优做大经济总量，做优质量综合竞争力，建成引领广西高质量发展的重要增长极，为"建设壮美广西共圆复兴梦想"做出重要贡献	中共广西壮族自治区委员会、广西壮族自治区人民政府	2019 年 7 月 28 日
广西壮族自治区人民政府《关于加强滨海湿地保护严格管控围填海的实施意见》（桂政发〔2019〕15 号）	除国家重大战略项目外，全面停止新增围填海项目。对已经批准实施的国家重大战略项目申请或审批，加强围填海规模控制，实行台账管理，最大限度保护海洋生态，加强生态保护修复	广西壮族自治区人民政府	2019 年 3 月
自治区北部湾办《关于印发〈广西北部湾经济区对接粤港澳大湾区建设实施方案〉的通知》（北部湾办发〔2019〕51 号）	深入实施《广西全面对接粤港澳大湾区建设总体规划（2018—2035 年）》，发挥经济区作为广西经济发展龙头的带动作用，对接、融合、联动大湾区，提升与大湾区互联互通水平，深度融入大湾区产业链、创新链，打造沿海沿边沿江开放合作，产业协同发展引领区	广西壮族自治区北部湾办公室	2019 年 9 月
《广西海洋现代服务业发展规划（2019—2025 年）》（桂海发〔2019〕34 号）	到 2025 年，广西海洋服务业发展规模显著扩大，产业结构显著优化，科技创新能力显著增强，区域竞争力显著提升，全区海洋服务业增加值总量达到 1600 亿元，占海洋生产总值比重超过 57%，成为广西海洋经济高质量发展和内涵式增长的重要驱动力	广西壮族自治区海洋局	2019 年 12 月
《广西海洋生态环境修复行动方案（2019—2022 年）》（桂海发〔2019〕33 号）	实施七大重点任务：统筹规划顶层设计，优化海洋保护空间；修复受损生态系统，增强海洋生态功能；加强海岸整治修复，构筑生态安全屏障；开展海岛生态整治修复，维护海岛生态健康；保护濒危珍稀生物，法治护航生态修复；提升海洋管控效能，加强监测预警评估，保障生态修复成效	广西壮族自治区海洋局	2019 年 12 月

续表

文件名称	主要内容	发布机构	发布时间
《广西壮族自治区海域、无居民海岛有偿使用的实施意见》（桂海发〔2019〕27号）	严格落实海洋国土空间生态保护红线，坚持生态保护与合理开发利用并举的可持续发展之路，坚持发挥市场配置资源决定性作用和更好发挥政府的作用，建立符合海域、无居民海岛资源持续健康发展律的有偿使用制度，创新推动海洋生态经济持续健康发展	广西壮族自治区海洋局	2019年9月
《广西壮族自治区不改变海域自然属性用海审批管理办法》（桂海规〔2019〕1号）	办法所称的不改变海域自然属性用海是指不改变海域自然属性的透水构筑物和开放式用海。其中：透水构筑物用海是指采用透水方式建设的透水码头、海面栈桥、人工鱼礁、高脚屋、桥梁等不改变海域自然属性的构筑物用海；开放式用海是指不进行填海造地、围海或设置构筑物，直接利用海域进行开发活动的用海，包括开放式养殖、浴场、游乐场、专用航道、锚地等不改变海域自然属性的开放式用海	广西壮族自治区海洋局	2019年9月
《广西壮族自治区海域、无居民海岛有偿使用黑名单管理办法》（桂海规〔2019〕2号）	具有以下行为的，应将信用主体列入海域、无居民海岛有偿使用黑名单：不按规定及时足额缴纳海域或无居民海岛使用金，经催缴后仍拒不缴纳，被依法收回使用权的；不按规定及时足额缴纳海域使用金或无居民海岛使用金，经催缴后仍拒不缴纳，被依法催缴销回用海，用岛批复文件或合同出让合同的等	广西壮族自治区海洋局	2019年9月
《广西壮族自治区围填海历史遗留问题处置管理办法》（桂海规〔2019〕3号）	列入围填海历史遗留问题的有已填已用，填而未用，批而未填4种情况；2018年7月以前的围海的坐标偏离、周边历史偏移问题；成陆成的坑潮、内湖、缝隙、区域用海规划政策、地方政策形成的历史遗留问题。适用本办法	广西壮族自治区海洋局	2019年9月
《广西壮族自治区海洋生态补偿管理办法》（桂海规〔2019〕4号）	生态补偿包括海洋生态保护补偿和海洋生态损害补偿。海洋生态补偿遵循生态公平、社会公平，坚持使用资源付费和谁污染、谁破坏生态谁补偿付费原则，实行资源有偿使用制度和生态补偿制度	广西壮族自治区海洋局	2019年9月

附录 7　2018—2019 年广西海洋生产总值变化情况表

产业名称	2018 年国家 最终核实数据(亿元)	2019 年国家 初步核实数据(亿元)	现价增速 (%)
海洋生产总值	1468	1664	13.4
海洋产业	953	1088	14.2
主要海洋产业	758	874	15.3
海洋渔业	253	284	12.3
滨海旅游业	204	274	34.3
海洋交通运输业	166	185	11.5
海洋工程建筑业	116	109	-6.0
海洋化工业	11	11	0
海洋船舶工业	4	4	0
海洋生物医药业	2	4	100
海洋矿业	1	1	0
海洋电力业	0.3	1	233.3
海水利用业	0.7	0.8	14.3
海洋盐业	0	0	0
海洋油气业	—	—	—
海洋相关产业	516	577	11.8
海洋科研教育管理服务业	195	214	9.7

附录 8 主要名词解释

海洋经济 开发、利用和保护海洋的各类产业活动以及与之相关联活动的总和。

海洋生产总值（GOP） 海洋生产总值是按市场价格计算的海洋经济生产总值的简称。它是指涉海常住单位在一定时期内海洋经济活动的最终成果，是海洋产业及海洋相关产业增加值之和。

增加值 按市场价格计算的常住单位在一定时期内生产与服务活动的最终成果。

海洋产业 开发、利用和保护海洋所进行的生产和服务活动，包括海洋渔业、海洋油气业、海洋矿业、海洋盐业、海洋化工业、海洋生物医药业、海洋电力业、海洋可再生能源利用业、海水利用业、海洋船舶工业、海洋工程建筑业、海洋交通运输业、滨海旅游业等主要海洋产业以及海洋科研教育管理服务业。

海洋科研教育管理服务业 开发、利用和保护海洋过程中所进行的科研、教育、管理及服务等活动，包括海洋信息服务业、海洋环境监测预报服务、海洋保险与社会保障业、海洋科学研究、海洋技术服务业、海洋地质勘查业、海洋环境保护业、海洋教育、海洋管理、海洋社会团体与国际组织等。

海洋相关产业　以各种投入产出为联系纽带，与主要海洋产业构成技术经济联系的上下游产业，涉及海洋农林业、海洋设备制造业、涉海产品及材料制造业、涉海建筑与安装业、海洋批发与零售业、涉海服务业等。

海洋渔业　包括海水养殖、海洋捕捞、海洋渔业服务业等活动。

海洋油气业　指在海洋中勘探、开采、输送、加工原油和天然气的生产和服务活动。

海洋矿业　包括海滨砂矿、海滨土砂石、海滨地热、煤矿开采和深海采矿等采选活动。

海洋盐业　指利用海水生产以氯化钠为主要成分的盐产品的活动。

海洋化工业　以海盐、海藻、海洋石油为原料的化工产品生产活动。

海洋生物医药业　以海洋生物为原料或提取有效成分，进行海洋药品与海洋保健品的生产加工及制造活动。

海洋电力业　在沿海地区利用海洋能、海洋风能进行的电力生产活动。不包括沿海地区的火力发电和核力发电。

海水利用业　指对海水的直接利用、海水淡化和海水化学资源综合利用活动。

海洋船舶工业　以金属或非金属为主要材料，制造海洋船舶、海上固定及浮动装置的活动以及对海洋船舶的修理及拆卸活动。

海洋工程建筑业　指用于海洋生产、交通、娱乐、防护等用途的建筑工程施工及其准备活动。

海洋交通运输业 指以船舶为主要工具从事海洋运输以及为海洋运输提供服务的活动。

滨海旅游业 指依托海洋旅游资源开展的观光游览、休闲娱乐、度假住宿和体育运动等活动。